餐桌上的文化课

2

荤素搭配

安迪斯晨风——著
陈丽丹——绘

GUANGXI NORMAL UNIVERSITY PRESS
广西师范大学出版社
·桂林·

CANZHUO SHANG DE WENHUAKE　HUNSUDAPEI
餐桌上的文化课 荤素搭配

出版统筹：汤文辉　　责任编辑：戚　浩
品牌总监：张少敏　　助理编辑：纪平平
选题策划：李茂军　戚　浩　　美术编辑：刘淑媛
责任技编：郭　鹏　　营销编辑：赵　迪
特约选题策划：张国辰　孙　倩　　特约编辑：孙　倩　冉卓异
特约封面设计：苏　玥　　绘图助理：潘　清
特约内文制作：苏　玥

图书在版编目（CIP）数据

餐桌上的文化课. 2, 荤素搭配 / 安迪斯晨风著；陈丽丹绘. --桂林：广西师范大学出版社，2024.4
（神秘岛. 小小传承人）
ISBN 978-7-5598-6796-4

Ⅰ. ①餐… Ⅱ. ①安… ②陈… Ⅲ. ①饮食－文化－中国－少儿读物 Ⅳ. ①TS971.202-49

中国国家版本馆 CIP 数据核字（2024）第 037919 号

广西师范大学出版社出版发行
（广西桂林市五里店路 9 号　邮政编码：541004
网址：http://www.bbtpress.com）
出版人：黄轩庄
全国新华书店经销
北京尚唐印刷包装有限公司印刷
（北京市顺义区马坡镇聚源中路 10 号院 1 号楼 1 层　邮政编码：101399）
开本：720 mm × 1 010 mm　1/16
印张：6.75　　字数：83 千
2024 年 4 月第 1 版　　2024 年 4 月第 1 次印刷
定价：39.80 元

前言

在我们中国人的传统观念里，主食和副食之间有着一条明确的界线：只有米饭、馒头、米线、大饼、小米粥等用米、面制作的食物，才能在一顿饭中“唱主角”，被称作“主食”；而鸡鸭鱼肉或是蔬菜瓜果等食材，不管经过多么精心的烹饪，都只能算是副食，或者叫“菜”，老老实实当餐桌上的“配角”。

为什么会这样呢？因为从理论上来说，人只吃谷物粮食也能保障自身获取足够的热量和蛋白质，从而维持生命。古代农作物产量不高，宝贵的土地当然要优先用来种植谷物粮食。只有贵族们才会专门开辟园囿来种植蔬菜、水果，供自己享用。专门饲养牛、羊等牲畜的牧场就更少了。

副食里面也分等次，最受欢迎的当然是肉类了。我们的祖先曾以狩猎获取肉食，从远古时代开始，就把对肉类的嗜好刻进了遗传信息中。在古代，人们饲养的牲畜本来就少，又多被贵族和有钱人享用，普通老百姓想吃上一口肉很难。现在的孩子很难想象，过去在一些贫困地区的人家只有过年才能吃上肉。所以长期以来，人们吃的副食主要还是蔬菜。

虽然肉很难吃到，但像肉类一样富含蛋白质的大豆比较容易得到。大豆制成的豆腐和其他豆制品因此获得了古人的青睐，在古代副食中有着重要的地位。

如今，我们能吃到丰富多样的蔬菜、肉类和豆制品，其中许多都是在漫长岁月中，逐渐走上我们的餐桌的。

目录

1 蔬菜 1

五菜为充 2
《诗经》里的蔬菜 7
多彩缤纷的西域蔬菜 15
漂洋过海来中国 20
养活四亿人的英雄 23

2 豆腐和豆制品 27

大豆的历史 28
横空出世的豆腐 31
豆腐的吃法 35
豆腐大家族 37

3 牛肉 41

神圣的崇拜 42
春秋战国故事中的牛 46
牛耕时代 49
古代的重点保护动物 53
在古代到底能不能吃牛肉? 55
终成美味佳肴 57

4 猪肉 63

猪肉的历史 64

猪肉的逆袭 66

猪肉的吃法 69

5 羊肉 75

羊肉的历史 76

羊肉的吃法 80

6 鱼肥蟹美 85

古人吃什么鱼？ 86

鲙——古代的生鱼片 92

鱼的吃法 94

螃蟹的吃法 97

结语 100

① 蔬菜

假如有一天，你坐上时间穿梭机穿越到春秋战国时期，猜猜在点菜时会发生什么？

“来一盘青椒炒肉。”

“对不起，没有青椒。”

“那来个西红柿鸡蛋汤。”

“对不起，没有西红柿。”

“这也没有那也没有，那就来个凉拌黄瓜凑合一下吧！”

“不行，黄瓜也没有。”

你肯定会想，怎么这么常见的蔬菜都没有？其实青椒、西红柿、黄瓜等我们现在常吃的蔬菜都是后来才传入中国的。那么古人到底吃什么蔬菜呢？这些外来蔬菜又是怎么走上我们的餐桌的呢？

五菜为充

《黄帝内经》是中国古代很重要的一部医书，其中就有关于合理膳食的论述："五谷为养"、"五菜为充"。"五谷"指古人吃的五种主要谷物，可以为人体提供最基础的营养；"五菜"就是古人吃的五种主要蔬菜，作为主食的补充，能够让人体更加健康。那么"五菜"到底是哪五种蔬菜呢？据古籍记载，它们分别是薤（xiè）、韭、藿、葵、葱，下面我们来认识一下它们吧。

薤

薤是葱属植物，长得有点儿像小葱，也叫"薤白""藠（jiào）头""野蒜"，人们主要是吃它根部的纺锤形的薤白鳞茎。春季，薤白的茎叶嫩绿纤细，洗净、切碎后和鸡蛋同炒，香气袭人，让人垂涎欲滴。一颗颗薤白鳞茎腌制后晶莹润洁，不仅能开胃消食，还能消炎杀菌。薤白又好吃又防病，难怪古人喜欢吃它。

汉末三国时期，曹操和曹植各作有一首叫《薤露行》的诗，为人所称颂。曹操的《薤露行》慷慨悲歌，哀叹国家丧乱、君王遭难、百姓遭殃，其音悲怆；曹植的《薤露行》则感叹世事无常、人生短暂，希望自己能在短暂的人生中大展雄才。两首诗各有所长，相映成趣。

薤露行

曹操

惟汉廿二世，所任诚不良。

沐猴而冠带，知小而谋强。

犹豫不敢断，因狩执君王。

白虹为贯日，己亦先受殃。

贼臣持国柄，杀主灭宇京。

荡覆帝基业，宗庙以燔丧。

播越西迁移，号泣而且行。

瞻彼洛城郭，微子为哀伤。

薤露行

曹植

天地无穷极，阴阳转相因。

人居一世间，忽若风吹尘。

愿得展功勤，输力于明君。

怀此王佐才，慷慨独不群。

鳞介尊神龙，走兽宗麒麟。

虫兽犹知德，何况于士人？

孔氏删诗书，王业粲已分。

骋我径寸翰，流藻垂华芬。

韭

韭菜是我们非常熟悉的一种蔬菜，韭菜合子、韭菜炒鸡蛋、韭菜馅饺子，这些家常的食物都是用韭菜做的。不过古人吃韭菜的方式有一种和我们现在不太一样，他们会用酱和醋把韭菜腌制后食用，这种菜就叫“韭菹（zū）”。

“韭”字的字形看上去像一排排植物长在地面上，韭菜也确实是这么长的。“韭”字的读音跟“久”一样，因此韭菜也有长长久久的寓意。韭菜有个突出的优点，就是生命力很强，割了再长，长了再割，种一茬能收割好多次。如果把韭菜种子种在晒不到太阳的小黑屋里，长出来的就是韭黄，口感更加软嫩。

韭菜把自己从头到脚都无私奉献给了人类。韭菜的茎叫“韭白”，韭菜的花是韭菜花，也叫“韭菁”，它们都可以吃，且各有各的风味。

藿

藿是大豆等豆类作物的叶子，古人常用藿来煮羹汤。藿现在几乎退出了老百姓的餐桌，我们只能在古诗里得见它的风采。例如《诗经·小雅·白驹》以周天子的口吻写道：“皎皎白驹，食我场藿。絷（zhí）之维之，以永今夕。”这几句诗表面上是说：“毛色雪白皎洁的小马驹呀，吃了我菜园里的嫩豆叶。拴好缰绳绊住脚，今晚就留在我家吧。”这里是用“白驹”指代德行高洁的贤者，“藿”指代朝廷的俸禄，引出下一句“所谓伊人，于焉嘉客？”，劝德行高洁的贤者入朝为官。

葵

汉乐府诗《长歌行》中有“青青园中葵”的诗句，刚读到这句诗时你可能会感到奇怪：向日葵怎么会是青色的呢？其实，诗中的“葵”指的并不是向日葵，而是一种叫“冬葵”的蔬菜，它的嫩苗可以炒着吃，也可以用来做汤。还有一首汉乐府诗叫《十五从军征》，其中有句“采葵持作羹”，描写的就是古人用葵菜做羹汤的场景。葵菜在古代被称为“百菜之王”，家家户户都种它。因为葵菜耐寒，冬日里百草凋零，独有它不怕冷，能够正常生长。葵菜非常好种，吃不完还可以拿来腌制成咸菜，假如遇上饥荒，葵菜可是能救命的。

但是，渐渐地，吃葵菜的人少了。明朝医学家李时珍曾记载：“葵菜，古人种为常食，今之种者颇鲜。”说明到明朝时期，人们就很少种葵菜了。现在我们在菜市场里经常能见到葵菜的同科兄弟——秋葵，却很少见到葵菜的影子了。

葱

葱分为大葱、小葱、火葱等很多种，现在依然很常见。小葱是中原地区本来就有的，大葱则是西汉时从西域进入中国的。

中国人炒菜有个习惯，锅里油热了以后会先丢一些葱花下去，炸出葱香后，再放主要食材进行炒制。但是在古代，葱不是用来调味的作料，而是一道挑大梁的正菜。如今在一些北方地区，人们还把大葱当正菜吃，一手大葱蘸酱，一手烙饼、馒头，风卷残云般一扫而光。

葱虽然会发出一种刺鼻的气味，但是模样很好看，亭亭玉立，青白分明，依中国人的审美观来讲，是标准的“美人坯子”。汉乐府诗《孔雀东南飞》中就称赞美人“指如削葱根”，手指像削尖的葱根一样白嫩、纤细。古人还常用“葱”指代青色，例如记载先秦时期礼制的《礼记·玉藻》中有一句“三命赤韨（fú）葱衡”，“葱衡”就是指青色的玉衡。这种用法一直延续到了今天，例如“葱茏”“葱翠”“郁郁葱葱”都是用来形容植物颜色青翠的。

《诗经》里的蔬菜

“五菜”是古代常见的五种蔬菜的总称，其实除了这五种，古代还有很多种蔬菜，分布在不同地区。考古人员曾在浙江余姚河姆渡遗址中发现大量瓠（hù）以及菱角的遗存，瓠就是一种能吃的葫芦。在浙江吴兴钱山漾遗址中也发掘出了菱角等蔬菜遗存。河姆渡遗址有大约 7000 年的历史，钱山漾遗址距今也有 4000 多年的历史，这说明在很久以前，这些地方的居民就已经开始栽培蔬菜了。

到了春秋战国时期，常见的蔬菜已经有几十种，我国最早的诗歌总集《诗经》中不仅记录了这些菜的名字，而且赋予了它们极其浪漫的气质。

瓜

《大雅·绵》：“绵绵瓜瓞（dié），民之初生，自土沮漆。”

几千年前的黄河流域，有一个小部落在偏僻的西部苦苦挣扎，凶蛮的戎狄部落经常跑过来抢掠，族人不得安宁。因此，这个小部落的首领古公亶（dǎn）父决定迁居。他率领族人翻山越岭来到岐山下的周原，在新的土地上耕作，族人的生活终于安定下来。后来，这个部落越来越强大，最终推翻商朝建立了周朝。

《诗经》中的《绵》就是一首对古公亶父的颂歌。“绵绵瓜瓞”的意思是，一根长长的藤上结着大大小小的瓜，而这正如同周人源远流长的历史。诗中的“瓜瓞”不是西瓜也不是南瓜，而是大瓜、小瓜的统称。

蕨和薇

《小雅·四月》："山有蕨薇，隰（xí）有杞桋（yí）。"

蕨、薇是两种野菜，即蕨菜和薇菜。

蕨菜的嫩叶、叶柄均可入菜，是一种营养价值高且鲜香味美的野菜，有"山珍之王"的美誉。不过现代科学研究发现，蕨菜里有致癌物质，所以还是少吃为好。

薇菜即今天的野豌豆苗，又名"大巢菜"。新鲜的薇菜味道很美。宋代苏轼有诗云："菜之美者，有吾乡之巢。"说的就是薇菜。

有个成语叫"不食周粟"，讲的是当年周武王推翻商朝建立周朝以后，伯夷、叔齐兄弟俩认为周武王的做法不义，不愿意做周朝的臣子、吃周朝的粮食，于是跑到首阳山上隐居的故事。后来"不食周粟"被用来比喻忠诚守节，不因生计艰难而背叛先主。

伯夷、叔齐不吃周朝的粮食，那吃什么充饥呢？就是靠采摘山里的薇菜充饥。

《小雅·采菽（shū）》："觱（bì）沸槛泉，言采其芹。"

这句诗里的芹可不是现在常见的旱芹，而是水芹。旱芹种植于旱地，长得比较粗大；而水芹生长于湖泊边缘、洼地等浅水区域，外观比较秀气。先秦古籍《吕氏春秋》中记载："菜之美者……云梦之芹。""云梦"指云梦大泽，江汉平原在古代曾布满大大小小的湖泊，这个湖泊群就被称为"云梦大泽"，位于被誉为"千湖之省"的湖北省。云梦大泽地区水质好、气候好，所以能长出美味的芹菜。

荠

《邶风·谷风》：“谁谓荼苦，其甘如荠。”

荠菜也叫“地米菜”，被誉为“野菜中的珍品”。清明前后，总能看到老人家在路边、野地里挖荠菜，随便挖一挖就能收获一箩筐。荠菜在荒年是能救命的野菜，现在荠菜又因其自带的特殊香气而受到大众喜爱，荠菜包子、荠菜馄饨等都是常见于街头巷尾的平民美食。

葑和菲

《邶风·谷风》：“采葑（fēng）采菲，无以下体。”

葑，学名叫“蔓菁”，俗称“大头菜”。人们从年头到年尾都能吃到葑：春季吃嫩苗，夏季吃菜薹（tái），秋季吃茎部，冬季吃根部。在灾年，葑常被人们用来充饥。

菲就是萝卜。俗话说“冬吃萝卜夏吃姜，不用医生开药方”，意思是说吃萝卜可以预防疾病，难怪萝卜被称作“小人参”。萝卜不管是蒸、煮、炒，还是用来做馅都好吃，而且产量高，是几千年来穷苦人家的“当家菜”。

茆

《鲁颂·泮水》：“思乐泮水，薄采其茆（mǎo）。”

茆即莼菜，是一种珍贵的蔬菜。杭州有一道特色菜“西湖莼菜汤”名扬天下。

荇菜

《周南·关雎》：“参差荇（xìng）菜，左右流之。”

荇菜也叫“莕菜”，是一种水生植物，茎和叶都柔软、滑嫩。荇菜加米煮成羹，味道非常鲜美。

谖草

《卫风·伯兮》：“焉得谖（xuān）草？言树之背。”

谖草又名“黄花菜”“萱草”。对《诗经》进行注解的《诗经疏义》中写道：“北堂幽暗，可以种萱。”“北堂”就是母亲居住的地方，也称“萱堂”。在中国古代文化里，萱草象征着母亲，是中国的母亲花。

荷

《陈风·泽陂》：“彼泽之陂，有蒲与荷。”

这句诗里的“荷”指的不是荷花，而是荷花的茎——藕。藕可以用来煮湖北名菜“排骨藕汤”，味道鲜香清甜。

《诗经》中还提到的一些蔬菜则因为味道不佳，逐渐退出百姓的餐桌。

《周南 · 卷耳》：“采采卷耳，不盈顷筐。”这里说的是一个女子一边思念心上人，一边采卷耳，结果采了很久都没有采满一筐。卷耳，今天叫苍耳。卷耳的幼苗、嫩叶炒熟后可以吃，但“滑而无味”，味道不佳。它的种子经过炒制后，去皮磨面，可以烤成烧饼或蒸熟食用。

《小雅 · 南山有台》：“南山有台，北山有莱。”诗中的莱现在被称为“藜”，也叫“灰菜”，是古人餐桌上一种重要的蔬菜，嫩叶及幼苗可以吃，叶子背面有颗粒。现在莱已经沦为路边的野草了。

《小雅 · 采芑（qǐ）》：“薄言采芑，于彼新田。”芑也是一种野菜，味道微苦。

《小雅 · 鱼藻》：“鱼在在藻，有颁其首。”这里的藻不是水藻，而是一种植物，叶和嫩根可以用来做汤羹。

《小雅 · 我行其野》：“我行其野，言采其蓫（zhú）。”蓫，现在叫“羊蹄草”，古人会采集它的嫩叶做菜，但它的味道苦，不太好吃。

《魏风 · 汾沮洳（jùrù）》：“彼汾沮洳，言采其莫。”莫是莫菜，可生吃，可煮羹。

《邶风 · 简兮》：“山有榛（zhēn），隰有苓（líng）。”苓即现在的甘草，吃起来有点儿甜味，古人一般是采集苓的嫩芽，用来和面一起蒸食。

《唐风 · 采苓》：“采苦采苦，首阳之下。”苦就是苦菜，又名“苦苣菜”，具有很高的药用价值，是消暑保健的佳品。

《召南 · 采蘋》：“于以采蘋？南涧之滨。”蘋，现在叫“田字草”。《左传》记载：“蘋、蘩……可荐于鬼神，可馐于王公。”蘋在春秋时期可用于祭祀鬼神、招待王公，可见当时蘋身价不低，但现在也没人吃了。

开始种菜了

《诗经》中收录的诗歌最早产生于距今3000年左右，那时正是农业文明的初期发展阶段，人们虽然已开始种植粮食作物，但很少种植蔬菜，吃的主要还是野菜，从周天子、诸侯到士大夫，从他们的日常生活到宴会、祭祀，莫不如此。后来，人们把经常接触到的野菜进行选择，把难吃的扔掉，好吃的留下，进行人工栽培，慢慢地蔬菜就和野菜分了家。如《豳（bīn）风·七月》中所写：“九月筑场圃，十月纳禾稼。”“圃”即菜园，这句诗写的是平时种菜的地方到了谷物收获季节就做成打谷场，说明那时人们已经种菜了。

- 小知识 -

古人怎样度过饥荒

在古代，用来灌溉、排水的水利设施不发达，农人们大多数时候只能靠天吃饭，一旦遇到异常气候，发生洪灾、旱灾或是蝗灾，常会导致庄稼歉收甚至绝收，造成严重的饥荒。

没有粮食吃怎么办？最简单的办法是捕鱼、打猎，或是上山挖野菜、剥树皮。不过在天灾降临的时候，可吃的动物的数量也会急剧减少，所以野菜和树皮就成了百姓在荒年充饥的重要食物。

虽然有些野菜难以下咽，但人们为了活下去不得不吃。明朝时，一位名叫朱橚（sù）的亲王写了一本《救荒本草》，记载了400多种可以吃的野生植物，并绘制了详细的图谱。

如果实在没有东西吃的话，饥饿到了极点的人们就不得不吃一种叫观音土的东西，它又细又白，加水以后有点儿像面团，但是无法被人体消化，人要是吃多了就会腹部慢慢坠胀而死。

五彩缤纷的西域蔬菜

蒜泥粉丝蒸虾、凉拌黄瓜、烤香菜……在夜市摊上我们经常能见到这些美食。我们能吃到这些美食要感谢一位古人——张骞，很多东西都是由他大老远从西域带回来，才开始在中国种植的。

西汉王朝和边境以北的匈奴是宿敌，之前只有胆大的商队敢冒着生命危险来回往返，贩卖商品。后来，为了联合西域各国一起夹击匈奴，汉武帝派遣张骞两次出使西域。张骞的出使打通了汉朝通往西域的道路，后来在和平时期，这条路线成为中国与西方贸易往来和文化交流的通道，这就是著名的“丝绸之路”。通过丝绸之路，西域从中国引进了丝绸、漆器和铁器等，而西域特有的物资，如苜蓿、良马等也源源不断地输入中国。豌豆、蚕豆、胡萝卜、香菜、胡葱、大蒜等蔬菜，就是经由丝绸之路进入中国的。

“胡”

黄瓜、大蒜在刚传入中国时，被人们叫作“胡瓜”和“胡蒜”，没错，就是“胡萝卜”的“胡”。“胡”是汉人对西域民族的统称，高鼻梁、大胡子的西域男性是“胡人”，西域美女被称为“胡姬”，西域骑兵组成的部队被称为“胡骑”……张骞出使西域后，中国刮起了一股时髦的“胡风”，各种特色蔬菜也从西域传入中国。有的蔬菜中国本土也有，只是西域传来的品种不同，为了区分，人们就在这些蔬菜的名称里加上一个“胡”字，“胡萝卜”和“胡葱”便是这么来的；而“胡瓜”和“胡蒜”是中国原来没有的蔬菜，人们也给它们取了一个带“胡”字的名字，以表示它们是从西域来的。

为什么“胡瓜”后来改名叫“黄瓜”了呢？据说是缘于隋炀帝。隋炀帝生性敏感，因为他有鲜卑人的血统，所以很忌讳“胡”字，于是就把“胡

瓜”改称“白露黄芪”，后来又简称“黄瓜”。可是，我们常见的黄瓜明明是绿色的，一点儿都不黄，为什么要叫“黄瓜”呢？如果你见过秋后完全成熟的黄瓜就明白了，熟透的黄瓜就是黄澄澄的。

蔬菜家族大繁荣

到了唐朝，人们餐桌上的蔬菜新成员越来越多，例如茼蒿、落葵、茴香、蓟菜、荸荠（bíqi）、慈姑、菠菜、地黄、菰（gū）菜、青蒿等。古代讲究药蔬同用，很多蔬菜可以入药，后来其中一些蔬菜逐渐退出了餐桌，只作为中草药为人所用。到了唐朝，人工栽培的蔬菜加上山野菜，蔬菜的品种数量达到了巅峰。

菠菜

虽然菠菜看上去不起眼，但它的来历可不简单。菠菜的老家在亚洲西部的波斯，也就是今天的伊朗。唐太宗在位时，尼婆罗国，也就是如今的尼泊尔，将菠菜种子作为贡品上贡给中国，中国人才真正接触到菠菜，当时它叫“菠薐（léng）菜”，后来才被简称为“菠菜”。

菠菜“模样俊俏”，叶绿根红；“性格随和”，一年四季都可种植，田园野地均可生长；“内涵”也很丰富，含多种维生素，是补铁之王。因此，菠菜颇得人们的喜爱，在民间它还有个好听的名字叫“红嘴绿鹦哥”。宋朝诗人苏轼在《春菜》里就写到了菠菜：“北方苦寒今未已，雪底菠棱如铁甲。岂知吾蜀富冬蔬，霜叶露芽寒更茁。”可见当时菠菜在南方和北方均有分布，而且在冬天也能种植。

莴苣家族

如果你将莜麦菜（油麦菜）叶子一层层剥下来清洗，到最后手上会剩下一个小莴笋头。而将生菜叶子剥完也会剩下一个小莴笋头，这是怎么回事？因为莴笋、莜麦菜、生菜这三种蔬菜虽然看起来大不相同，但是都属于莴苣的一种！

莴苣也是外来品种，它的老家在地中海。“莴苣”一词最早出现在唐朝的书籍中，因为稀少珍贵，莴苣在当时是蔬菜家族中的奢侈品，据说需以千金求之，所以又名“千金菜”。宋朝诗人陆游曾写过一首《新蔬》夸赞它：“黄瓜翠苣最相宜，上市登盘四月时，莫拟将军春荠句，两京名价有谁知？”

莴苣耐寒。冬天百草凋零，绿叶蔬菜稀少。因为缺乏维生素，人体容易出现口腔溃疡、上火等毛病。而莴苣能够在冬天种植，不仅清脆爽口，还能给人体补充维生素，实为不可多得的宝物。

莴苣的叶子和茎干都可以吃，后来人们培育出了能长出更多嫩叶的莴苣——莜麦菜、生菜，植物学上称之为“叶用莴苣”；又培育出了能长出肥大茎干的莴苣——莴笋，植物学上称之为“茎用莴苣”。一家三兄弟，让人百吃不厌。

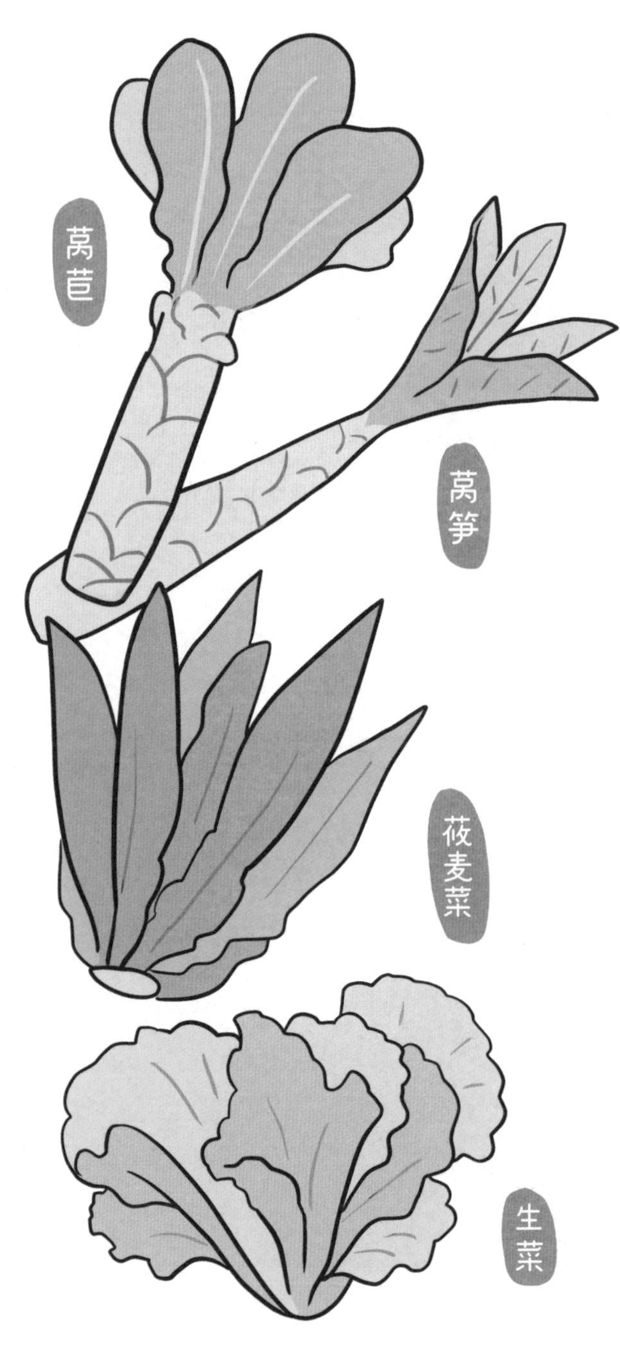

蔬菜更多啦

到了宋元时期，又出现了许多新的蔬菜品种，例如白冬瓜、越瓜、甘蓝、薄荷、马齿苋、繁缕、鹿角菜、东风菜、木耳等。其中一些引自域外，但大部分是国内发现和培育出来的。据初步统计，宋元时期人们种植的蔬菜种类已有近百种。这时候百姓的餐桌也更加丰富了，一顿饭摆上十个盘子八个碗的蔬菜也是很容易的。

漂洋过海来中国

到了明朝，老百姓菜篮子里的蔬菜种类更多了，这要感谢一个叫郑和的航海家。郑和的功劳跟张骞有得一比，张骞从陆地向西而行，开辟了陆上丝绸之路；而郑和率领船队从海上向西而行，前后七次远航，穿过西太平洋和印度洋，代表明朝与沿岸数十个国家和地区缔结友好条约，将海上丝绸之路发展到鼎盛。

明朝时期，我国的造船和航海技术均居世界领先水平，巨型船队的速度和运载量比当时一切陆上交通运输工具都高。中国与欧洲、亚洲、美洲的贸易往来也空前频繁，大量新奇的蔬菜瓜果传入中国，使得当时中国的蔬菜品种再次大增。

其中尤为重要的是从美洲传入中国的蔬菜，包括番茄、辣椒、西葫芦、笋瓜、佛手瓜、菜豆、土豆、番薯、菊芋等，它们漂洋过海来到中国，大多成为我们现在餐桌上的重要角色。

从海外传来的很多种蔬菜名字里都有“番”字。例如，红薯刚从美洲传过来时叫“番薯”，辣椒以前叫“番椒”，地瓜叫“番葛”。

“番”，通“蕃”。从周朝起，人们就把中国之外的国家称为“蕃国”。汉朝以后，海上丝绸之路兴起，人们按照惯例把沿途各国统称为“蕃国”。宋朝有一位负责海外贸易的官员，他将海外各国的信息汇集起来，写成了一本书——《诸蕃志》，记述了海上丝绸之路沿途各国的地理位置、风土、物产等。当时在中国的广州、泉州等沿海城市外商云集，他们聚集居住的区域被称为“蕃坊”“蕃巷”，外商被称为“蕃人”，外国商船被称为“蕃舶”。

现在你知道“番茄”“番薯”“番椒”等名字里的“番”字是怎么来的了吧？对啦，因为它们是通过海上丝绸之路从海外蕃国传来的，所以名字里就被加上了“番”字。

到了近代，从外国传入的蔬菜名字又变得“洋气”起来，例如“洋葱”“洋芋”“洋白菜”……“洋”取自“西洋”，“西洋”泛指西方国家。晚清国门打开后，来自西洋的商人、官员开始与中国人频繁地接触和往来。当时人们在跟西洋相关的人和东西的名字里统统加上一个“洋”字：外国人称作“洋人”，火柴叫“洋火”，钟表叫“洋表”，银行称“洋行”……总之外国来的东西一律称作“洋玩意儿”。从外国来的蔬菜也不例外，南美洲来的菊芋叫“洋山药”，土豆叫“洋芋”，番茄在一些地方又叫“洋柿子”，等等。

被冤枉的番茄

番茄也叫“西红柿”，可能是蔬菜界里蒙受“不白之冤”最严重的一种蔬菜。本来人家只是一个安安静静、人畜无害的小美人，却曾被人类泼上好多“污水”。

番茄原产于南美洲安第斯山脉，果实光鲜娇艳，非常漂亮。没想到因为外表艳丽，番茄最初被人们认为是有毒的植物，称为“狼桃”。人们互相提醒：狼桃有毒，远远看着就好，千万不能吃它。明末清初，番茄也是以这样的名声进入中国的，它被人们糊里糊涂地当作观赏植物来种植。

此外，因为番茄的外表跟原产中国的柿子有点儿像，所以中国人最初把它叫作“番柿”。明朝有一部介绍栽培植物的著作叫《二如亭群芳谱》，书中记载：“番柿，一名六月柿。”因为来自西方，番茄又被称作“西番柿”“西红柿”。经过驯化栽培以及多次引种推广，番茄在传入中国约三百年后，终于走上了中国人的餐桌。从那以后，番茄被划归到了蔬菜家族。从观赏植物到蔬菜，番茄总算“沉冤得雪”了。

养活四亿人的英雄

大自然有个神奇法则：动物会根据食物资源的丰富程度自动控制生育率。人也不例外。中国古代的人口数量长期处于千万级，强盛时期如汉朝、唐朝的人口数量也不过 6500 万 ~ 8000 万，但是到了中国最后一个封建王朝——清朝，人口数量却超过了 4 亿。这么多人口是靠什么养活的呢？历史学家认为，引进的土豆、红薯、南瓜等美洲高产农作物功不可没。

这些来自美洲的农作物对环境的适应能力非常强，从苦寒的塞北到炎热的两广，从平原到山区都可以种植，不仅耐旱耐涝，而且产量很高。清朝时期，这些美洲作物在中国被广泛种植，如此便使得更多人生存下来。

土豆

土豆，在不少地方也被称作洋芋、马铃薯。淀粉含量高的品种可做主食充饥，淀粉含量低的品种多用来做菜。

晚清不少农书中都有关于土豆的记载，例如，“近则遍植洋芋，穷民赖以为生”，“洋芋，高山最宜，

实大常芋数倍，食之无味，且不宜人，山人资以备荒”。从这些记载中不难看出，土豆是当时山区贫苦人家的“救命菜”。

后来随着种植技术的发展，土豆在中国的北方、西北、西南高海拔地区大面积推广开来，不少地方培育出了具有当地特色的土豆品种，形成了土豆产区，让土豆家族大放异彩。

土豆到了中国，焕发出了全新的活力。

土豆既可以捣成泥后与米、面糅合，制成点心、小吃，也可以切成丝、片、块做主料或配菜，烹煮方式也很多样，做成拔丝土豆、香酥土豆、土豆烧牛肉、土豆小丸子等菜肴。

湖南、湖北人尤其爱吃一道叫酸辣洋芋丝的美食，做法是将土豆切丝后与酸菜、辣椒酱同炒。这道菜酸脆爽口，有了它，扒拉几大碗米饭下肚不成问题。

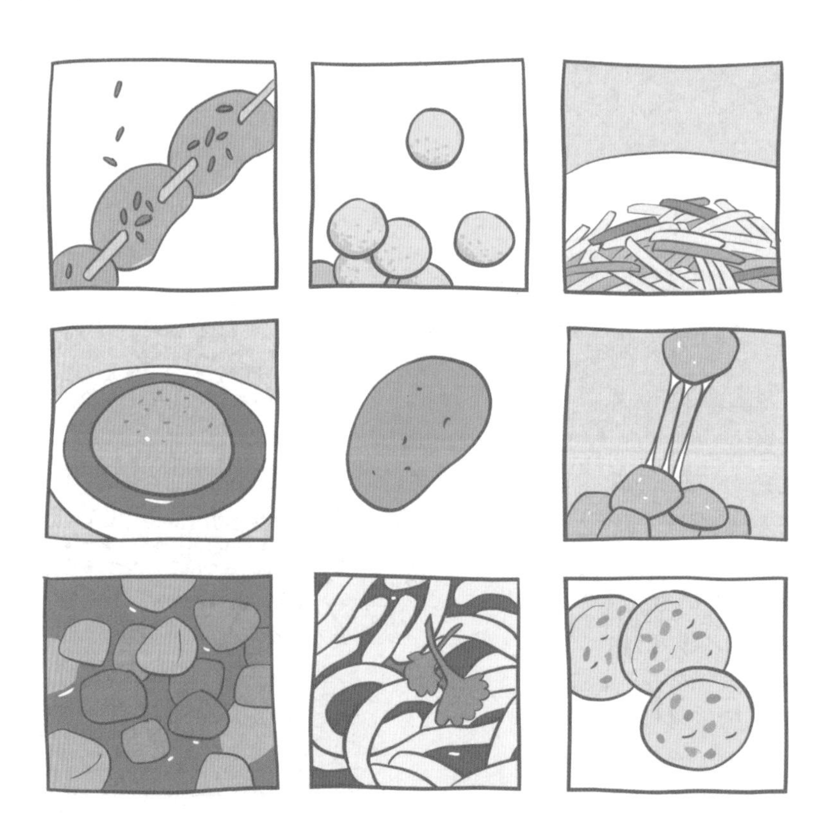

南瓜

南瓜是从南美洲引进中国的一种蔬菜。南瓜的瓜肉清甜，蒸食的口感类似红薯，妙不可言。它的嫩藤嫩叶可以用荤油、虾米炒食，味道也非常可口。清朝时人们就发现，南瓜既可代粮救荒，亦可和入面粉做成南瓜饼，还可以蜜渍做成果脯。南瓜的吃法这么多，难怪中国人爱种南瓜、吃南瓜，现在中国已经是世界第一大南瓜种植国了。

菜豆

菜豆是原产美洲的蔬菜，是在中国传播最广的豆类蔬菜之一，在不同的地方它有不同的名字，如芸豆、豆角、四季豆、云扁豆、龙骨豆、羊角豆、刀豆等。

其实菜豆在它的原产地并不起眼，只是个普普通通的“灰姑娘”，当地人主要是吃它的种子或嫩荚，他们还常把菜豆做成罐头。菜豆这个“灰姑娘”传入中国后大受欢迎。中国人用烧、炒、炖、煮等多种方式烹饪菜豆，既可以将菜豆切段炒熟，也可以加水、酱油、香油等，将菜豆焖熟。各种方式做出来的菜豆都很好吃。

菜豆还是供应期最长的一种豆类蔬菜，几乎可以让人们从年头吃到年尾，因此得名“四季豆”。

② 豆腐和豆制品

豆腐来自一个源远流长的大家族，它的兄弟姐妹有白嫩动人的大姐豆腐脑，有刚柔并济的二哥豆腐干，还有颜值不高却好吃的小弟臭豆腐，再加上爸爸大豆和妈妈豆浆，真是整整齐齐的一家。

大豆的历史

大豆是我们祖先最早栽培的农作物之一，在古时候还有一个好听的名字叫菽。成熟的大豆是黄色的，因此也叫黄豆。《诗经》里面有一首非常有名的《七月》，讲的是一年各个月份里农人的生活。其中有一句“七月亨葵及菽”，“亨”通“烹”，意思是说，七月到来的时候，就该煮葵菜和大豆了。大豆曾经是人们的主食，跟稻、黍、稷、麦一起合称“五谷”。

七步诗

相传，三国时期，魏文帝曹丕登上帝位后，忌惮自己才华横溢的弟弟曹植，于是就想找机会除掉他。有一天，曹丕把曹植叫来，让他在七步之内写一首诗，否则就要将他处死。结果曹植真的在七步之内作了一首《七

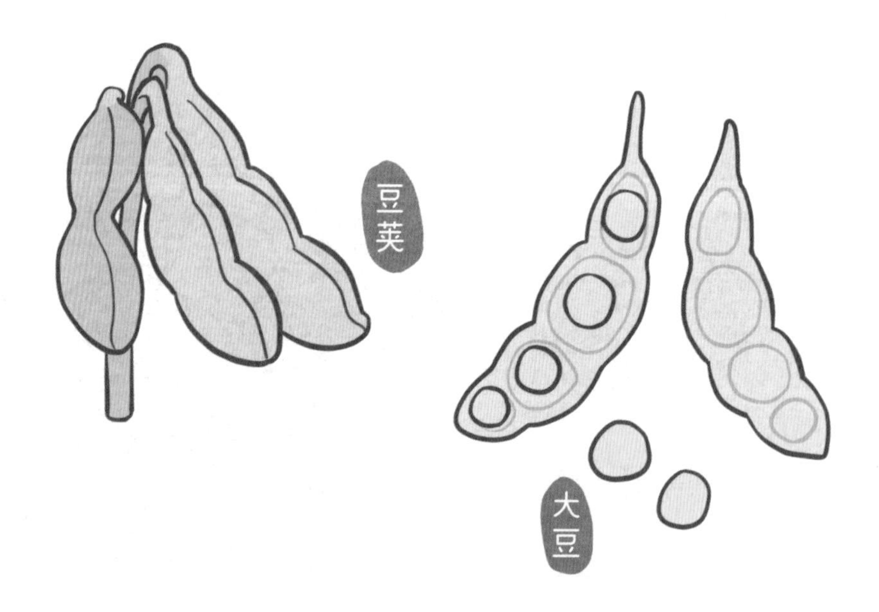

步诗》：“煮豆燃豆萁，豆在釜中泣。本是同根生，相煎何太急。”“豆萁”也就是大豆的秸秆。这首诗的意思是，煮大豆时点燃了豆秸，大豆在锅中受煎熬，豆秸和大豆本是一条根上长出来的，为什么这样急切地彼此伤害呢？

这首诗表面上写的是豆秸和大豆，其实表达的是曹植对曹丕迫害同胞兄弟的控诉，也说明烧豆秸煮豆在曹魏时代是普通的生活场景了。

大豆的吃法

大豆的吃法多种多样，最简单的当然是像《七步诗》里所写的那样，将大豆直接煮熟了吃，古人管这个叫“豆饭”。也可以将大豆和小米一起熬成稀粥喝，这种稀粥直到现在还是北方一些家庭常吃的早餐。除此之外，将大豆磨碎和米粉一起蒸成糕饼，也是古时候常见的一种食物。还可以把大豆炒熟，嘎巴嘎巴嚼着吃。《清稗类钞》中写到，著名文学家金圣叹在

被砍头前给儿子留下一句话：“盐菜与黄豆同吃，大有胡桃滋味。此法一传，吾无遗憾矣。”这里的“黄豆”就是炒大豆。不过炒大豆实在太硬了，吃不了几颗腮帮子就疼了，所以这种吃法并不是主流。

随着时代的变迁，大豆慢慢退出了主食的行列，让位给了从西方传入的小麦。归结起来，不外乎两个原因：

一是大豆有点儿硬，不易嚼烂，跟米饭和面食比起来，实在不怎么好吃。春秋时期，人们就认为吃豆饭是件很清苦的事。孔子有一次被困在陈蔡之地，每天只能吃豆饭和菜羹充饥，对于孔子来说，实在是种莫大的折磨。二是大豆虽然富含蛋白质，但跟米饭和面食相比，碳水化合物含量较低，而碳水化合物又是人体获得能量的最主要的物质来源，所以大豆自然竞争不过它俩。

另外，大豆还有一个小问题。大豆含有大量氮元素，被人体消化后会生成不太好闻的氨气，所以吃多了大豆就容易放屁。对于讲究雅致的人来说，这一点肯定是个减分项。

虽然很少当主食了，但是大豆却在副食这条新赛道上大放异彩。汉朝时，人们就已经学会了将大豆和面粉一起发酵制成豆酱，还会用大豆发豆芽来当菜吃。湖南长沙马王堆西汉墓出土的竹简上提到了一种叫“黄卷”的食物，其实就是黄豆芽。不过大豆真正开始“声威大震”，要等到豆腐及豆腐家族出现以后。

横空出世的豆腐

从大豆变为豆腐的过程堪称脱胎换骨，豆腐不但看起来赏心悦目，而且吃起来又软又嫩，一点儿也不费牙。豆腐还可以跟多种蔬菜、作料搭配，做出各种花样的美食。

豆腐到底是谁发明的？一般认为是西汉的淮南王刘安。相传，这位博学多才的王爷是个沉迷学仙、喜欢炼丹的道家人物。有一次，他在炼制长生不老药的时候，不小心把盐卤放到了烧沸的豆浆里，结果豆浆就凝固了。刘安吃了两口豆浆的凝固物，觉得十分好吃，就把做法记录了下来，流传后世。宋朝思想家朱熹有一首《素食诗》，诗中就把做豆腐的方法称为“淮

南术”：“种豆豆苗稀，力竭心已腐。早知淮南术，安坐获泉布。”意思是说，知道了豆腐的做法，就可以安坐在家里做豆腐，用豆腐换取泉布（钱）了。

不过，有专家考证后认为，这个说法并不可靠。因为人们在唐朝以前的文献资料中一直都没找到过跟豆腐有关的描述，如果豆腐在汉朝时就被发明出来了，人们不太可能不把它记录下来。最早关于豆腐的文字记载见于五代后期陶穀所著的《清异录》，书中记载：“时戢为青阳丞，洁己勤民，肉味不给，日市豆腐数个。邑人呼豆腐为小宰羊。”讲的是青阳的县丞非常廉洁爱民，不吃肉，只是每天去市场买几块豆腐来吃。当时的人们还把豆腐比喻成肥嫩的羊羔肉，称其为“小宰羊”。从这段记载看来，那时候豆腐的制作工艺已经很成熟了。

明朝的医学家李时珍在《本草纲目》中详细记载了豆腐的做法：把大豆浸泡在水里，等大豆泡得涨大变软后，用石磨磨成生豆浆，过滤掉豆渣后入锅煮开，往里面加入盐卤或者山矾叶、石膏，静置一晚上，第二天豆浆就凝成了豆腐脑，接下来再把豆腐脑放到模具里压出水压实，豆腐就做成了。

这种做法的原理是，不管是盐卤、山矾叶还是石膏，都能促进豆浆里的蛋白质凝固并与水分开。北方人做豆腐习惯在豆浆里面加入盐卤，南方人则大多加石膏。用这两种豆腐脑压出的豆腐口感有所不同：前者比较粗糙、硬实，略带一点儿苦味；后者则更加细腻、嫩滑。

在豆腐脑的吃法上，北方人更喜欢用咸鲜的高汤加上木耳、鸡蛋、黄花菜做成卤汁，浇在豆腐脑上来压住苦味；而南方人则更喜欢用甜甜的蜜糖来衬托豆腐脑的原味。不过爱吃辣的川渝人可不管这么多，他们吃豆腐脑时一定要放大量红彤彤的辣椒油，跟白生生的豆腐脑在颜色上相映成趣，在味道上相得益彰。

另外，在豆腐的制作过程中，豆浆煮沸后表面会生成一层皮，将这层皮揭下来晾干，就成了豆腐皮。李时珍在《本草纲目》中也提到了豆腐皮的做法：“面上凝结者，揭取晾干，名豆腐皮，入馔甚佳也。”可见，在明朝时，人们连豆腐皮的做法都门儿清了。

你也许会好奇，李时珍不是一个医生吗？为什么要去记录豆腐的做法？大概是因为古人讲究“药食同源”，认为只要是能吃的东西，就或多或少有点儿药效，所以李时珍把豆腐这种食物也收录到了医书中。

豆腐的吃法

豆腐本身其实没什么特别的味道，但是就像一个演技精湛的演员，不管跟谁搭戏都能搭配得很好一样，豆腐也可以搭配多种食材，做出各种好吃的菜肴。

豆腐最简单的吃法就是凉拌，抓一把小葱或是香椿，切碎了拌豆腐，就是道“一青二白”的爽口小菜。稍微复杂一点儿，可以用豆腐做肉末炒豆腐、冬笋烧豆腐或是砂锅鱼头豆腐煲等，不管怎么做都好吃。

麻婆豆腐

起源于四川的麻婆豆腐是一道名菜，做法是将豆腐与辣椒面、麻椒、豆瓣酱同炒，讲究“麻、辣、烫、香、酥、嫩、鲜、活”八个字。麻婆豆腐可以说是最有名的一道豆腐菜了。香港美食家蔡澜曾说：“豆类制成品的豆腐菜，以四川麻婆为代表，每家人做的麻婆豆腐都不同。一生之中，一定要去原产地四川吃一次，才知什么叫豆腐。”

八宝豆腐

豆腐也能做成很精致的菜，比如清朝著名美食家、文人袁枚在《随园食单》中记录的八宝豆腐："用嫩片切粉碎，加香蕈（xùn）屑、蘑菇屑、松子仁屑、瓜子仁屑、鸡屑、火腿屑，同入浓鸡汁中炒滚起锅。"这种八宝豆腐香滑、嫩软，要用勺子吃而不用筷子，让人看着就流口水。

平民的美食

豆腐是一种便宜又常见的食材，虽然跟肉类比起来蛋白质一样丰富，但味道就不如肉香了，所以豆腐一般都与大白菜之类的蔬菜为伍，是平民百姓的美食。有这样一个笑话，一个人特别喜欢吃豆腐，常跟人说："豆腐就是我的命。"后来有个富豪朋友请他吃饭，除了满桌子鸡鸭鱼肉外，还有豆腐，结果他吃肉吃得飞快。朋友问他："你不是说豆腐是你的命吗？"他讪笑道："我一见了肉，连命都不要了！"

在一些地方还有办丧事吃豆腐的习俗。相传，从前有一位阿公，他有三个儿媳妇。有一天，他分给三个儿媳妇各一升大豆。回去后，大儿媳妇和二儿媳妇把大豆吃了，三儿媳妇则把大豆种在田里，等新的大豆收获后，又将一部分大豆种下去。如此过了三年，三儿媳妇积攒了许多大豆，阿公因此称赞三儿媳妇能干，让她主持家务。后来，三儿媳妇把大豆做成豆腐，烧了许多可口的菜孝敬公婆。阿公高兴地说："我百年之后，你们就用豆腐供奉我吧。"阿公去世后，三儿媳妇就遵循阿公的话，用豆腐供奉他。这件事传开后，逐渐形成了办丧事吃豆腐的习俗。特别是在江浙沪等地的丧葬宴席上，豆腐都是必不可少的，既用来招待亲友，又用来供奉祖先。推测起来，大概是因为以前寻常百姓家买不起肉，在过年或者举行丧葬祭祀仪式的时候，只能让豆腐来挑起宴席上的大梁。

豆腐大家族

豆腐的形态千变万化，冻豆腐、素鸡、素鸭、豆腐干、毛豆腐、腐乳、臭豆腐等各种豆制品种类繁多。恐怕曹植写下《七步诗》时也不会想到，在1800年后的今天，用大豆做的诸多食物形成了一个相亲相爱的大家族。

冻豆腐

将豆腐切块后冷冻就做成了冻豆腐。冷冻后，豆腐里面会产生无数细小的孔洞，很容易吸收汤汁。东北的冻豆腐是一绝，东北人喜欢把冻豆腐放到猪肉炖粉条等大锅菜里，吸饱肉汁的冻豆腐，总能让人食欲大增。

素鸡、素鸭

明朝诗人苏秉衡写过一首《豆腐诗》：“传得淮南术最佳，皮肤褪尽见精华。一轮磨上流琼液，百沸汤中滚雪花。瓦缸浸来蟾有影，金刀剖破玉无瑕。个中滋味谁知得，多在僧家与道家。”诗中说吃豆腐比较多的是佛家和道教的修行者，为什么他们吃豆腐比较多呢？因为修行者要遵守清规戒律，不能沾染荤腥，于是蛋白质丰富的豆腐就成了他们的日常食物。不过有些修行者吃素食吃腻了，想吃肉食怎么办？于是人们就将豆腐制作成形状和口感都接近肉食的素肉。素鸡、素鸭就是用豆腐皮精心烹制而成的，吃起来跟真正的鸡肉、鸭肉味道很像。

豆腐干

把豆腐用布包起来，放到模具里压实，然后放到加了香料的盐水中浸泡，之后再放到太阳下晾晒一段时间，就做成了豆腐干。虽然豆腐干不如豆腐柔嫩，却多了一层柔韧的口感、咸香的风味，是上好的下酒菜。苏州的卤汁豆腐干，色泽酱红，让人一看就垂涎欲滴，味道甜咸交织。四川南溪的豆腐干，添加了八角、胡椒、丁香、茴香等多种调味料，口感细腻，尤其适合喜欢吃辣的人。山西寿阳出产的豆腐干，外表褐红，内里金黄，相比前两者更加柔韧坚实，味道鲜香十足，更受北方人欢迎。

毛豆腐和臭豆腐

毛豆腐是安徽黄山地区的特产，做法是通过发酵让豆腐表面长出一层白色的菌毛，然后再用油煎着吃。毛豆腐有一种特殊的鲜香味，别具一格。

另外还有一种闻着臭、吃着香的臭豆腐，跟毛豆腐一样是用发酵的豆腐做成，并且也是用油炸着吃。臭豆腐吃起来外焦里嫩，风味浓郁，在湖南长沙地区特别流行。

腐乳

豆腐深度发酵就成了腐乳。把豆腐用黄酒浸泡，再加入盐、辣椒等调味，密封发酵一两周，等到豆腐变得软软糯糯像奶酪一样，就成了腐乳。腐乳可以直接抹到馒头上吃，也可以做火锅蘸料，更高级的吃法则是用来做腐乳蒸肉，香嫩滑腻，令人回味无穷。

- 小知识 -

古代菜肴的摆放

在古代，宴席上菜肴摆放的位置也有讲究，要遵循一定的规定。

《礼记》中记载："凡进食之礼，左殽（yáo）右胾（zì），食居人之左，羹居人之右。脍炙处外，醯（xī）酱处内，葱渿（yì）处末，酒浆处右。以脯脩置者，左朐（qú）右末。"意思是说，带骨头的肉要放用餐者左边，无骨头的大块肉放右边；主食放左边，羹汤则放在右边；细切的肉和烤熟的肉放在稍远处，酱料调味品则放在人面前的位置；葱末之类的作料可放远一点儿，酒水要放在右边；如果有肉脯，弯曲的肉脯要放左边，挺直的肉脯放右边。

这些规定虽然烦琐，但都是从用餐的实际情况出发的。因为大多数人习惯使用右手进食，所以将大块肉和羹汤等汁水较多的食物放用餐者右边，人夹取的距离更短，不容易滴落汁水和酱汁；把酱料和酒水放面前，也是为了蘸酱和喝酒更方便。所以这些规矩并不是死板的仪式，而是为了用餐者食用更方便。

另外，摆放酒壶的时候，不要将壶嘴对着客人。将菜肴端上席面时，不能面向客人和菜肴大口喘气。如果宴会上有整条鱼，要将鱼尾对着客人，这是因为从尾巴开始夹更容易将鱼肉剥离鱼骨。如果上干鱼则正好相反，要将鱼头对着客人，因为对于干鱼，从头部开始夹更容易剥离鱼肉。冬天时，鱼腹肥美味鲜，摆放时要将鱼腹向右，方便用餐者取食。夏天时，则是背鳍味美，所以摆放时要将鱼背朝右。

③

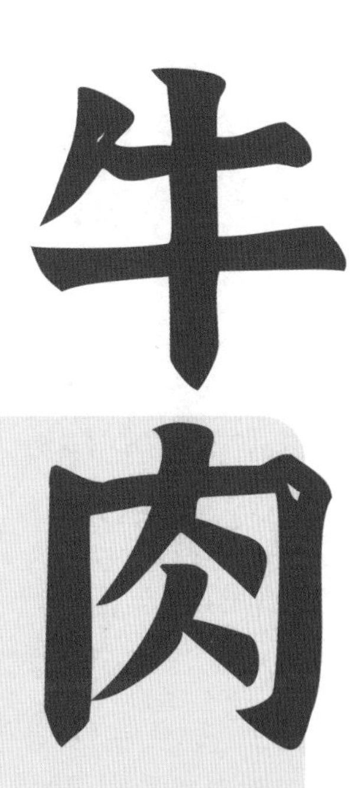

在中国古代，牛是宝贵的生产工具，可以帮助农人耕地。为了保护耕牛，中国历朝历代都制定了严格的法规，禁止人们杀牛吃牛肉。谁要是私自宰牛偷吃了牛肉，轻则挨板子，重则掉脑袋。那么人们是从什么时候起可以自由地吃牛肉的呢？这个就说来话长了。

神圣的崇拜

在中国古代，人们驯化了许多动物，有猪、狗、羊、马、牛、兔、鸡、鸭、鹅、骆驼、驴、蚕、鸽子、蜜蜂、鱼等。

牛是最早被人类驯养的动物之一。科学家认为，牛被驯化的时间可以追溯至1万年前，中国东北地区是驯化野牛的重要起源地和扩散中心之一。

多亏了这些动物，早期的原始人才能获得包括肉、蛋、奶、蜜在内的食物，以及其他有用的东西，比如动物的皮、骨、毛、脂肪、筋、丝等，它们可以用于制作服饰、寝具、器具、燃料、药物等，可以说是“物尽其用”了。

另外，人类还利用动物的特长，让它们帮助人类劳动。马、牛、骆驼等大型动物力量大，可以帮助人类牵引车、机械，或是驮运物品，甚至可以参与作战；而中小型动物也有着各自不同的本领，例如狗可以看家护院，鸡叫人早起，鸽子能传递信息，蚕吐丝供人类织锦，等等。

珍贵的祭品

《周礼》中把马、牛、羊、鸡、狗和猪这六种古人驯养得最多的家畜统称为“六畜”。早期，人们驯养牛的数量较少，牛主要被用于祭祀。“牛”字的本义是“大牲”，“牲”是“牺牲”，指为祭祀而宰杀的牲畜。

在古代，祭祀规格分为不同等级，牛、羊、豕三牲齐全叫太牢，为最高级，其中的豕就是猪；只有羊、豕，没有牛叫少牢，为第二级。天子祭祀用太牢，诸侯祭祀用少牢，可见三牲祭品之中牛最珍贵。汉字中“牺”“牲”等与祭祀有关的文字多以“牛”为部首。

正是由于牛在祭祀方面的重要作用，古代的礼器、祭器常以牛的形象为造型、纹饰。

牛形的文物

在河南安阳殷墟博物馆中有一件重要的藏品——亚长牛尊，它的牛角弯曲有力，四足粗短壮实，牛头前伸，怒目圆睁，大口微张，一副气势汹汹的样子。牛面部铸有铭文“亚长”，亚长是商王朝南部长国的部落首领，是一名驰骋疆场、忠勇善战的军事将领。尊是一种青铜酒器。通体遍饰动物纹样的亚长牛尊，是殷商时期人神沟通的媒介，担负着沟通天地的神圣职责。

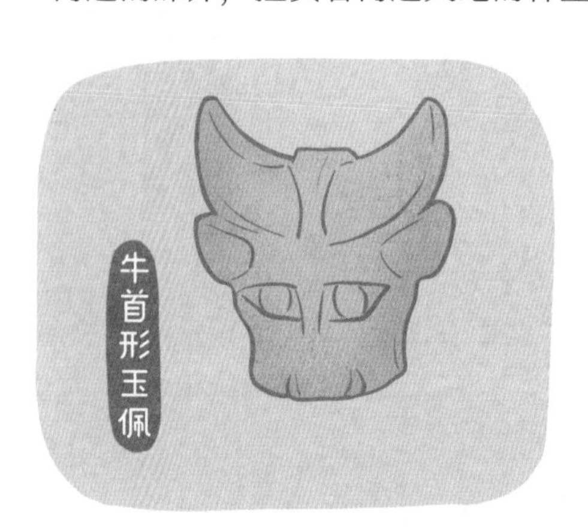

殷墟中还出土了以牛为形象的玉器、石器、陶器等，以及用牛头浮雕及牛头纹饰装饰的青铜器。从牛角的形状可以辨识出它们都是水牛，而且是野生的水牛。

在殷人观念中，未能驯化的动物野性十足，充满神秘感，让人产生敬畏之心，人们模仿其形象制作物品，并加以崇拜。

- 小知识 -

三牲

“牲”在古代特指祭祀用的动物，是祭品的一种，分为大三牲和小三牲。

大三牲指的是猪、牛、羊三种家畜，主要用于天子祭祀天地、宗庙。后来祭祀仪式不再是贵族专属，民间也有着祭祀的需求，但是牛、羊在古代是稀缺品，并非所有家庭都能以此作为供品，于是民间就以鸡、鱼、猪代替，称为小三牲。唐朝韩愈的文章中就有着这样的记载：“五谷三牲，盐醯（xī）果蔬，人所常御。”这里的“三牲”指的就是小三牲。不管是大三牲还是小三牲，祭祀方法大体上是一样的，都是将完整的牲畜简单加工后摆盘供奉，例如对于猪只是处理干净猪毛，整只过水烫熟后摆上供桌。

祭祀后人们依据社会地位将这些供品分而食之。例如在孔庙祭祀完孔夫子之后，只有取得秀才以上资格的人才能分到供品。在一些大型宫廷祭祀中，则依据官阶的大小分发供品。

春秋战国故事中的牛

早在夏商时期，就有专门养牛、羊、马等牲畜的官员，叫“牧正”，夏王少康就当过牧正。周朝还设有“牛人”这一官职，专门负责国家的养牛事务。牛人所养的牛主要用于祭祀、宴会、丧事、军事犒赏等。也就是说，虽然当时牛很珍贵，但除了用于祭祀，在官方举办宴会、丧事活动以及慰劳军队时牛肉也能出现在餐桌上。

民间的养殖业也发展了起来。战国时期有个叫猗顿的贫寒书生，他听说陶朱公范蠡弃官经商发家致富后非常羡慕，于是登门求教，范蠡传授给他的致富秘诀是“当畜五牸（zì）”，也就是养殖母畜。猗顿听后茅塞顿开，大畜牛羊又兼营盐业，仅用十年时间便成为一方巨富。

西周至春秋时期，中原地区民间养牛已较为普遍，不少家庭养殖牛羊的规模很大。《诗经》中出现了大量有关牛羊的诗句，比如《小雅·无羊》中就有“谁谓尔无羊？三百维群。谁谓尔无牛？九十其犉（chún）”的诗句，意思是说，谁说你没有羊？一群羊就有三百只。谁说你没有牛？七尺高的有九十头。可见当时就已经有人大量饲养牛羊了。

肉食者鄙

先秦时期，肉食还很稀缺，其中牛肉就更为珍贵了，只有身份地位相当高的人才可能吃到。《礼记》中写道：“君无故不杀牛，大夫无故不杀羊，士无故不杀犬豕。”意思是说，没有缘由的话，诸侯不能屠宰牛，大夫不能屠宰羊，士不能屠宰狗和猪。究其原因，先秦时期，牛等牲畜饲养不易。

春秋时期，有一次齐国军队攻打鲁国，曹刿（guì）主动向鲁庄公请战，要为国效力。他的同乡说：“打仗的事自有那些吃肉的家伙谋划，你又何必掺和呢？”曹刿说出了一句流传千古的话：“肉食者鄙，未能远谋。”意思是说，那些身居高位的人都目光短浅，不能深谋远虑。于是曹刿坚持入朝去见鲁庄公，取得了鲁庄公的信任后，他亲自参与指挥长勺之战，击退了齐军。

弦高犒师

春秋时期，晋文公去世时，旁边的秦国起了歪心思，想利用晋国国丧的时机，趁其不备发动战争，一口吞掉与晋国相邻的小国郑国。于是秦国大将孟明视、西乞术、白乙丙带领大军千里奔袭，快到郑国边境时，被郑国商人弦高发现了。弦高是一名贩牛的商人，正赶着十二头肥牛准备去卖，听说秦军要去灭掉自己的国家，顿时吓出一身冷汗。跑回去报信已经来不及了，怎么办呢？弦高急中生智，他主动前往秦军大营，说他是郑国的使臣，郑国的国君听说三位将军要到郑国来，特地让他来慰劳秦军将士。接着他将四张熟牛皮和十二头肥牛献给了秦军。

原本秦军就担心他们千里奔袭，难以隐藏行踪，怕郑国发现后提前做好作战准备。弦高的言行让秦军以为郑国已经发现了他们的行踪。于是，主将孟明视收下了弦高送给他们的礼物。等弦高走后，孟明视悻悻地对手下说："郑国已经有了准备，偷袭没有成功的希望，我们还是回国吧！"随后秦军就灰溜溜地回去了。

牛耕时代

我国是历史悠久的文明古国和农业大国，祖先们很早就开始耕种土地了。可是在没有拖拉机等现代农业机械的古代，人们是如何翻耕坚硬的土地，使土地适合播种的呢？答案是，古人有好帮手——牛。

在古代六畜之中，牛的力气最大，干活最踏实，勤勤恳恳、任劳任怨。人们驯化了牛之后，把沉重的犁套到牛身上，让牛帮忙耕地，从此农业生产的效率大大提高。要是没有牛这个古代“拖拉机”，古人能不能吃饱肚子还是个问题。

说文解字：物

牛在人们的日常生活中如此重要，古人甚至认为天地万物都与牛有关。

“物”字以“牛”为部首，《说文解字》中对“物”字的解释为：“物，万物也。牛为大物，天地之数，起于牵牛，故从牛。勿声。”这句话的意思是，“物”是所有事物的总称，牵牛耕田正是天地间万事万物的根本，所以“物”字从牛字旁。

据推测，牛耕始于商周时期，到了春秋战国时期，牛耕已经较为普遍了。当时人们取名常采用“牛”“耕”“犁”等字，且不止一国一地有这样的情况，例如孔子有个弟子叫冉耕，字伯牛，是鲁国人；还有个弟子叫司马耕，字子牛，又名犁，是宋国人。另外，当时晋国还有一个大力士叫牛子耕。

汉朝时，政府在民间大力推广牛耕。史书记载，汉朝有个叫龚遂的人，他担任渤海太守时，致力于劝民农耕，“民有带持刀剑者，使卖剑买牛，卖刀买犊”，即让百姓们把刀、剑卖了去买牛。推广牛耕不仅是政府官员的职责，更是当时一项重要的益民政策。后来，那些原本没有牛耕的落后地区，比如荆州、扬州和九真地区（今天的越南北部）都开始用牛耕地了，当地人的生活水平也提高了。

牛耕极大地提高了农业生产力，促进了我国农业文明的发展。农业大国经济实力的日趋强盛，根本推动力在于农业的发展。一些繁荣富庶之地，有时农业能成为整个国家财赋收入的重要来源，例如被称为“东南财赋”的江南地区和“天府之国”的四川盆地，还有被称为“湖广熟，天下足”的湖南、湖北地区。而各地农业的发展，都离不开牛。

牛车

牛不仅能耕地，还可以拉车。牛车是秦汉时期最常见的车，相当于现代人的小汽车，出远门时有牛车可以省很多力气。同时牛车也是官方一项重要的战略物资，在交通工具落后的古代，牛车是运输较重物资的不二选择，尤其是战争期间，运输物资“非牛力不能胜”。因此，在秦汉时期，政府和民间都有大量的牛车。

打春牛

打春牛是我国广大农村地区在立春时节的一项传统迎春活动。

一年之计在于春，立春是一年的开始，立春过后，一年的耕作就要开始了。古时候，每年立春这天，皇帝要亲自到田地里，赶牛扶犁，躬耕于野，用这个举动向全国的老百姓发出春耕总动员的信号。

打春牛是立春时节迎春活动里的重头戏，又称“鞭春牛”“祭春牛”“鞭春”。春牛都是用泥塑或纸糊的，在打春牛仪式上，由一位官员打扮成主宰春天的芒神，用春鞭或春杖鞭打春牛，寓意提醒牛辛勤耕作，勿误农时。

唐朝时，打春牛仪式会在东、南、西、北四面的城门外举行。各个位置的春牛和芒神服饰的颜色也有讲究，城东的为青色，城南的为赤色，城西的为白色，城北的为黑色。仪式上的一对春牛由各州县衙门用纸扎成。州县长官负责主持仪式，用红绿彩绸编成的春鞭打春牛三下。

在宋朝，打春牛的风俗也很兴盛。宋仁宗在位时官方还颁布了《土牛经》，其中详细规定，在不同天干地支的情况下，每年打春牛仪式上春牛的颜色、赶牛人的衣服和位置、牛缰索的颜色等有所不同。立春前一日，宋朝都城开封府的官员会将春牛送入皇宫，以供皇宫里举行打春牛仪式。

立春当天，各县的官吏也会举行打春牛仪式。

到了清朝，打春牛活动更是全民参与。立春当天由官员主持仪式，祭祀春神后，众人一起用春杖将春牛打碎，各自捡一些碎块回家，撒在自家农田里，据说这样可以保佑庄稼收成好。

古代的重点保护动物

牛和耕作的关系如此紧密，而耕作又关系着天下的稳定，因此各朝各代都非常重视牛。为了保证农业生产有足够的畜力，中国历代王朝都制定了相关法规，禁止人们私自屠宰牛。即使是牛的所有者，如果不按照法定宰杀标准，不经官方机构审批就私自屠宰牛也属于犯罪，要受到法律的制裁。

禁止盗牛、杀牛的规定可追溯至战国时期。当时商鞅在秦国推行变法运动，制定了新的律法，其中规定："盗牛者加。""加"即枷，指一种套在罪犯脖子上的刑具。这句话的意思就是，偷牛者会被判枷刑。

秦朝律法《厩苑律》中还有关于耕牛饲养情况的考核标准：每年四月、七月、十月、正月，官方会对人们养的耕牛进行评比，耕牛要是养得健壮，养牛的人得以免除一次徭役，养牛人和管理耕牛、农事的官吏都会得到奖赏；耕牛要是养得病恹恹的，他们就得受罚。每次评比后，每头耕牛的身体情况都要存档，以便下次评比时拿出来对照。要是耕牛的腰围减瘦，每瘦一寸，主事者就要被笞（chī）打十下。可见当时政府对耕牛的管理非常严格。

汉朝律法《汉律》中规定："不得屠杀少齿。"意思是说，不能屠宰年轻健壮的牛，只能宰杀年老体衰的牛。到了唐朝、五代时期、宋朝，相关法规更为苛刻，连老弱病残的牛也不能屠宰，只有自然死亡的牛才可以拿去售卖或者自己吃。当时的法律对牛的保护可以说是细致入微，不仅私自屠宰牛要被判刑，即便是有牛把某人的财物毁坏了，那人也不敢回击，因为如果他一生气把牛给打伤了，就要被治罪；如果失手把牛给打死了，还要被杖打九十下。

元朝虽为游牧民族建立，但也承袭了农耕民族的惯例，依然明令禁止官民私自宰牛。元朝的法律规定，牛有官私之分，偷宰官牛要比偷宰私牛受到更重的刑罚。另外还有首犯、从犯之分，对他们的惩处方式和力度也不同。告发偷宰牛的行为会得到奖赏；相应地，如果明知有人在偷偷宰牛，还帮其遮掩或者漠不关心，那么一旦被发现，知情不报者也逃不了干系，要跟着偷偷宰牛的人一起挨板子。

由于牛具有巨大的经济价值，所以偷牛会受到很重的惩罚。如果同时犯有偷牛和私自宰牛两种罪行，则会受到更为严重的惩罚。私自宰牛会被杖打一百下，如果是偷牛加上私自宰牛，不但要被杖打一百下，手臂上还会被刺上字，并且会被加倍追征赃款，处以充军、徒刑等刑罚。有时偷牛的罪犯甚至会被处以极刑。元顺帝曾下令，对偷盗牛马的人判处割掉鼻子的刑罚，如果之后再犯就判处死刑。

在古代，只有年老体衰不能再耕田的牛才能被屠宰，但牛是否符合屠宰标准，不是由牛主人自己决定的，必须经官方机构的审验。村里死了牛，必须上报官府，官府要查验牛是不是正常死亡。老病不堪用的牛，经官方查验，确认符合屠宰标准后才能被屠宰。并且人们在宰牛后，还得把牛筋、牛角这些物资上交。

在古代到底能不能吃牛肉？

在古代，吃牛肉是一件风险系数极高的事。人们只有在牛年老体衰不堪驱使后，向官方申报，经官方检验批准之后才可以屠宰。可是老牛的肉质非常粗硬，干枯如柴，吃到嘴里难以下咽。好吃的嫩牛肉必然取自年轻的牛，老牛身上可出不了嫩肉。

那么问题来了，古典小说《水浒传》里，江湖上行走的梁山好汉们到了酒肆，动不动就“来二斤熟牛肉”，并毫不掩饰地大嚼牛肉。他们看上去可以肆无忌惮地吃牛肉，且吃得很香，这又是怎么回事呢？

比如《水浒传》中的武松，在上山打虎前就在酒肆里吃了二斤熟牛肉——“武松拿起碗，一饮而尽，叫道：‘这酒好生有气力！主人家，有饱肚的买些吃酒。’酒家道：‘只有熟牛肉。’武松道：‘好的切二三斤来吃酒。’店家去里面切出二斤熟牛肉，做一大盘子将来，放在武松面前……”

对此有人解释说，这只是一种夸张的写作手法，表现梁山好汉们藐视王法的英雄豪气。他们都敢造反了，还不敢吃牛肉？

不过，实际情况可能是官府的管理没那么严格。牛肉的美味让人难以抵抗，在古代豁出去吃牛肉的大有人在。半公开地吃牛肉在宋朝是一种普遍现象。当时很多文人常吃牛肉，还堂而皇之地写入诗中。例如，著名画家、诗人文同写“金瓮酿醇酒，玉盘炙肥牛”，文学家苏辙写“酒酸未尝饮，牛美每共炙”，还有文学家、书法家黄庭坚写“酒阑豪气在，尚欲椎肥牛”。

越来越多的人喜欢吃牛肉，地方官差抓捕不过来，所以民间吃牛肉的现象一直无法禁绝。有些正规经营的饭店、酒馆可能也会卖些牛肉，地方官差在执法时就算发现了，也会睁一只眼闭一只眼。

宋朝政府曾一度被迫向现实屈服，禁不了就干脆开始征收牛肉税，以为把牛肉价格抬高，就没人吃牛肉了。结果这个措施的效果并不理想，反而使局面变得更为尴尬。这样下去，法律的尊严何在？后来宋仁宗下令废除牛肉税，擅自杀牛仍然要被问罪。

为保证农业生产，我国近现代也有耕牛保护制度，内容与古代的相关制度一脉相承：宰杀耕牛须经审批，且只能宰杀老弱病残的耕牛。这种制度一直延续至 20 世纪 80 年代中期。该制度被废止，其中一个原因是现在的养牛技术更先进了，牛的数量增加，不再是一种珍贵的牲畜。另外，随着农业机械化程度的提高，农人耕种田地不再依赖耕牛，因此不必再限制人们食用牛肉。

终成美味佳肴

虽然历朝历代都设定法规严格限制人们宰牛、吃牛肉，但是这些法规都无法禁绝吃牛肉的现象。牛肉不仅味道好，肉质细嫩，营养价值也很高，所以自古以来就是中国传统饮食中的一种重要食材，至今仍是我们餐桌上必不可少的美味。

炖牛肉

炖是牛肉传统、经典的做法之一。将牛肉和调料放入水中，经过长时间炖煮，就做成了肉烂汤浓的炖牛肉。牛肉可以搭配多种蔬菜一起炖，制成各种美食，例如萝卜炖牛腩、白萝卜炖牛肉、番茄炖牛肉、山药炖牛肉等。蔬菜吸满汤汁，牛肉酥烂可口，浇盖在白米饭上，让人一口气能吃一大碗。牛肉和各种蔬菜的搭配，不仅营养更加均衡，还极大地丰富了我们的餐桌。

酱牛肉

酱制后的牛肉可以保存稍久一些，方便取食。酱牛肉既可以做餐桌上的大菜，也可以做佐餐小菜；不仅营养丰富，而且吃起来方便，切一切就能上桌。在炎热的夏天，还有什么比一盘凉拌酱牛肉更省事、更营养的呢?

酱牛肉的做法：将大块的牛肉直接放进酱汁中煮，经过几个小时的文火慢煨，牛肉入口即烂，酱汁完全渗入牛肉内部，酱香浓郁，让人垂涎欲滴。做好的酱牛肉呈黄褐色，筋条分明。酱汁决定了酱牛肉的味道，使用不同的酱汁可以做出不同味道的酱牛肉，什么豆酱味、五香味、麻辣味、番茄味、泡菜味……人们可以依据自己的喜好做不同的口味。

酱牛肉不带汤汁，外出时携带方便。户外探险、远足旅行时带上一袋酱牛肉，关键时刻可解燃眉之急。聪明的人们把酱牛肉加工成速食产品，利用真空包装、纳米材料包装、气调包装等技术，隔绝空气，从而避免了肉质快速腐烂，使酱牛肉可以保存得更久。

不同地区的人口味不同，不同地区各自有着著名的酱牛肉，如平遥牛肉、栏杆牛肉、南京酱牛肉、自贡冷吃牛肉、香港酱牛肉、北京清真酱牛肉等，都是全国闻名的美食。如果你去到一个有特色酱牛肉的地方旅游，一定要尝一尝那里的酱牛肉，才算不虚此行。

牛肉干

干制的牛肉就是牛肉干。

在没有真空包装的古代，人们想出了很多办法来加工食物，以使食物保存得更久，其中一种办法就是干制。古人早就发现，富含水分的食物容易变质，如果把食物脱水或干燥，则可以放置很长一段时间而不坏。

早在3000多年前，中国人就掌握了干制技术。比如，古代的学生在拜师时要给老师送束脩，束脩就是一束牛肉干或腊猪肉。记录周朝礼制的古籍《周礼》中记载，当时有专门的官员腊人负责制作干肉。那时的人们还会将肉切成薄片后再进行干制，做成肉脯。北魏时期，贾思勰在《齐民要术》中也详细记载了干肉加工技术。

现在，牛肉干不再作为菜品，而是扮演了零食的角色，大受人们欢迎。超市里的牛肉干品种繁多，让人眼花缭乱，有黔江牛肉脯、灯影牛肉干、西乡牛肉干、火边子牛肉、内蒙古风干牛肉、哈萨克族风干牛肉、延边发酵风味牛肉干、延边黄牛肉脯等。

哈萨克族风干牛肉是一种很有代表性的民族特色食品。哈萨克族人主要生活在新疆维吾尔自治区，低温、干燥的气候条件使当地成为加工牛肉干的天然理想场所。哈萨克族风干牛肉的做法是，将牛肉切成条块，直接抹上盐粒，挂在门前风干，风干好的成品有的还带有血丝。哈萨克族风干牛肉口感较硬，嚼起来颇为费劲，但有人就喜欢这种独特的口感，觉得嚼起来其乐无穷。

牛肉面是我们常见的牛肉美食之一。将面条煮熟后捞出，放到大碗里浇上一勺牛肉或者牛肉汤，无比美味。兰州牛肉面可以算是牛肉面中的代表了，被誉为“中华第一面”，店铺遍布中国的大街小巷。

兰州牛肉面起源于清朝末年，至今已有 200 多年的历史。要制作兰州牛肉面，可不是简单地往面条上浇牛肉汤就行，必须达到“一清二白三绿四红五黄”的标准。“一清”指牛肉汤清，“二白”指萝卜纯白，“三绿”指香菜嫩绿，“四红”指辣子鲜红，“五黄”指面条黄亮，有这些特点才算正宗的兰州牛肉面。

牛肉丸

将牛肉捣碎后揉捏成一个个小球，蒸熟、煮熟或者炸熟，得到的成品就是牛肉丸。在我国，最著名的牛肉丸当数潮汕牛肉丸。据传，潮汕牛肉丸起源于清朝末年，是广东客家人发明的，其制作方法沿用至今。地道的潮汕牛肉丸富有弹性，据说煮熟后能当乒乓球来打。

烤牛肉

说到牛肉的做法，不能不提“烤”。原始社会时期，人类就开始烤肉了，美味的烤牛肉更是从古至今都牢牢俘获着人们的胃。现代流行的烤牛肉可多了去了，红柳烤牛肉串、孜然烤牛肉串、烟熏式烤牛肉、黑椒烤牛肉等，各有各的滋味，其中红柳烤牛肉串更是别具一格。在新疆地区，人们取来红柳树的枝条做扦（qiān）子，将切成块的牛肉穿起来烤。红柳枝在高温烘烤下会分泌出一种油脂，散发出特有的植物清香，烤出来的牛肉香气扑鼻，外酥里嫩，口感极佳。

牛的精神

在中国传统文化里，牛一直作为正面形象受到人们的喜爱，这是因为牛拥有许多优良的品德。

踏实奋进、吃苦耐劳是牛的最大特点。牛一辈子辛苦耕作，即使年老体衰，仍然自强不息。“老牛自知夕阳晚，不用扬鞭自奋蹄”，这种踏实勤奋的工作态度在许多中国人身上也能看到。

一生奉献、不求回报是牛的又一个特点。牛不仅帮助人们耕作，最后还要为人类奉献出牛肉做席上珍、牛皮做足下靴。

中国人赞美老黄牛精神，也是在赞美那种为国为民鞠躬尽瘁、死而后已的高尚人格。鲁迅写过“横眉冷对千夫指，俯首甘为孺子牛”的名句，对坏人决不妥协，对人民大众甘愿服务，正是这样的人构成了中国的脊梁。

④

猪肉

俗话说："没吃过猪肉，还没见过猪跑吗？"但是对在现代城市中长大的孩子来说，猪肉经常吃到，想见猪跑可太难了。我们中国人养猪已有几千年历史，猪肉更是我们现在常吃的肉食。不过你知道吗？在古代，猪肉曾经很不受人重视。

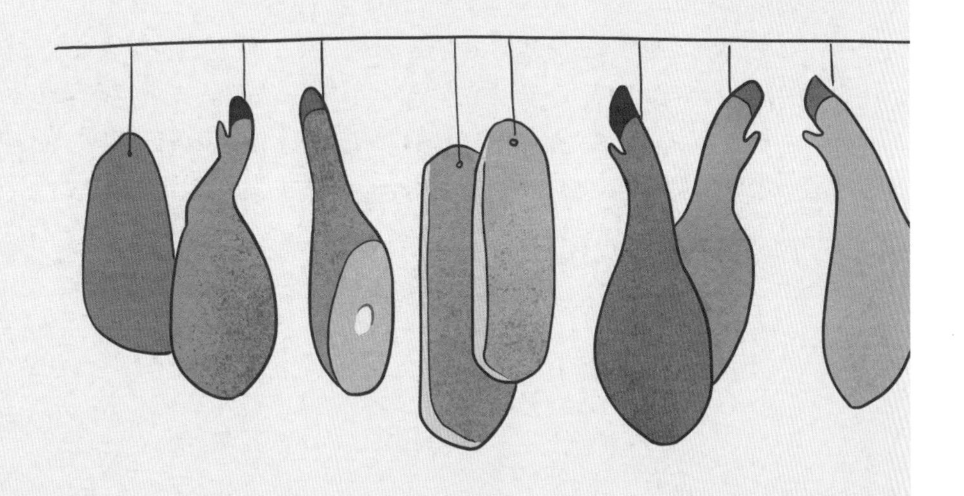

猪肉的历史

远古时期，河南地区气候温暖，森林茂密，野兽成群，环境类似现在云南的西双版纳。河南简称“豫”，有一种观点认为“豫”的本义是体形较大的象，说明当时那里有很多大象。得益于温暖的气候，那时的河南地区除了大象外还有很多野猪。夏朝时，那里兴起了一个叫“豕（shǐ）韦”的国家，那个国家的人专门为夏王朝养猪。

说文解字：豕

“豕”指猪，甲骨文的字形就像一只猪。中国文字中有许多以“豕”为偏旁部首的字，本义大多和猪有关。比如“家”字，元朝书法家周伯温所著《说文字原》中对“家”的解释为：“豕居之圈曰家。”意思是，有猪的房子就叫家。“家”的读音也与指代公猪的“豭（jiā）”字读音相同。再比如“豢养”的“豢”字，这个字最早也出现在甲骨文中，《说文解字》对其的解释为：“以谷圈养豕也。”指的就是用谷物来喂猪，后来“豢”引申为喂养牲畜。可见在古代，猪在人们的生活中占据着重要地位。

周朝时已经有许多关于吃猪肉的文字记载了。《诗经》中《大雅·公刘》写道："执豕于牢，酌之用匏（páo）。食之饮之……"意思就是，把猪从猪圈里捉出来做成美食，在酒杯里倒满美酒，让我们大口吃肉大碗喝酒……《周礼·天官》记载："凡会膳食之宜……豕宜稷。"意思是说，要合理地搭配肉和饭食，猪肉和稷适合搭配在一起吃。说明当时的人不仅吃猪肉，还讲究搭配。

周朝的社会等级从上至下为天子、诸侯、卿、大夫、士、庶人，记录周朝时各国历史的史籍《国语》中记载："天子食太牢，牛羊豕三牲俱全，诸侯食牛，卿食羊，大夫食豕，士食鱼炙，庶人食菜。"意思是说，天子吃祭祀后的食物时，有牛、羊、猪肉，诸侯有牛肉，卿有羊肉，大夫有猪肉，士有鱼肉，庶人只能吃菜。猪肉当时被排在了牛肉和羊肉后面，在肉食中位居第三。

黑猪与白猪

你听说过"老鸹（guā）落在猪身上——光看别人黑，不见自己黑"这个歇后语吗？"老鸹"就是乌鸦的俗称，乌鸦是黑色的，不过你会不会好奇，我们印象中猪明明是白的，为什么乌鸦会觉得猪黑呢？这是因为我国古代的猪种以黑猪为主，直到现代，从英格兰引进的约克夏猪才成为我国养殖的主流猪种，也就是我们熟悉的白白胖胖的猪。

猪肉的逆袭

跟其他动物相比，猪有一个很大的优点：不挑食。无论剩菜、糠麸，还是谷物、草根，都可以作为猪饲料。更离奇的是，明朝时还有人用蝗虫来喂猪，而且效果奇佳，“猪初重二十斤，旬日肥大至五十余斤”，仅仅十天，猪就从二十斤长到五十多斤了。

猪肉的地位低于牛肉、羊肉的原因也在于此。猪长期住在肮脏的环境里，吃的东西也不像牛、羊吃的草料那么卫生，所以很容易成为猪肉绦虫等寄生虫的宿主。猪肉绦虫的虫卵像米粒一样，会藏在猪肉里面，这种藏着虫卵的猪肉叫“米猪肉”。人吃了米猪肉后，寄生虫就可能在人体内繁殖。再加上古代医疗水平较低，人一旦被寄生虫感染，就容易有生命危险。

所以在古代，猪肉的地位长期低于牛肉、羊肉。

宋朝时，羊肉才是肉食中的主流。据记载，宋朝宫廷“御厨止用羊肉”。这里的“止”可不是禁止的意思，而是通“只”字。这句话的意思就是，宋朝宫廷里的御厨只用羊肉这一种肉。当时宫廷里每天的羊肉用量极大，宋真宗时每天消耗羊 350 只，宋仁宗时 280 只，宋英宗时降至 40 只。后来，宋神宗为了节省开支，引进了猪肉，但是猪肉的消耗量还是远远无法和羊肉的相比。史籍记载，宋神宗时有一年宫廷的羊肉消耗量高达 43 万斤，而猪肉的消耗量只有 4000 多斤。

但是这种境况在明朝的时候突然发生了逆转。明朝和北方少数民族政权长期对峙，导致羊肉的交易成了问题。再加上当时人口暴涨，土地资源

紧张，没有足够的土地用来养羊，所以羊肉供应严重不足。老百姓想要多吃点儿肉怎么办呢？占地少、产肉多、不挑食的猪便进入了老百姓的视野。

到了清朝，猪肉的地位更稳固了。清朝各代皇帝都十分钟爱猪肉，清太祖努尔哈赤就很爱吃猪肉，他的名字翻译过来是“野猪皮”的意思。据记载，清乾隆四十九年（1784年）时，乾隆皇帝举办除夕宴，食材中有家猪肉65斤、猪肘子3个、猪肚2个、猪小肚8个、野猪肉25斤、大小猪肠各3根，而羊肉只有20斤。袁枚在《随园食单》中，还用专门一篇《特牲单》介绍猪肉，而牛肉、羊肉则放在《杂牲单》中一起介绍。袁枚在书中写道，“猪用最多，可称‘广大教主’”，而“牛、羊、鹿三牲，非南人家常时有之物”。意思是说，人们吃猪肉最多，而牛、羊、鹿肉都不是南方人家常吃的肉食。

猪肉的吃法

红烧肉

红烧肉是一道家常美食，做法是将猪肉切块、翻炒后，加水小火慢焖。相传，红烧肉是宋朝大诗人苏轼发明的，因此红烧肉也被叫作“东坡肉”。

苏轼特别爱吃猪肉，他还写过一首诗叫《猪肉颂》，可以说是当时的“猪肉首席推广大使”。

猪肉颂

苏轼

净洗铛，少著水，柴头罨（yǎn）烟焰不起。待他自熟莫催他，火候足时他自美。黄州好猪肉，价贱如泥土。贵者不肯吃，贫者不解煮，早晨起来打两碗，饱得自家君莫管。

“贵者不肯吃，贫者不解煮”，指的是王孙贵族不愿意吃猪肉，平民百姓又不懂怎么做猪肉。猪肉登不上大雅之堂，又不被百姓认可。

“少著水，柴头罨烟焰不起。待他自熟莫催他，火候足时他自美”，意思是煮猪肉时少放水，用小火慢慢煮，把猪肉煮到皮松肉烂的时候再捞出来，就是无上的美味。诗中的描述跟红烧肉的做法很像，难怪人们认为红烧肉是苏轼发明的。

腊肉

将肉进行腌制，然后用烟熏、日晒或风干的方式脱去肉中的水分，这种做法叫“腊制法”，做出来的干肉就叫“腊肉”。我们如今吃的腊肉多是用猪肉做的。

腊制法主要分为熏腊和风腊两种，区别在于是否将腌制后的肉进行烟熏。明朝时的烹饪古籍《宋氏养生部》中记载有火猪肉和风猪肉两种腊猪肉。火猪肉采取熏腊法，将腌制后的猪肉用重石压过，并用煎石灰汤洗净，悬挂干燥后再经烟熏；风猪肉采用风腊法，前面的流程与熏腊法相同，只是没有最后一道烟熏的步骤。

宋朝时，有位管理皇家膳食的司膳内人写了一篇《玉食批》，记载了多种宋朝宫廷美食，其中也提到了许多种腊肉，例如线肉条子、皂角脡(tǐng)

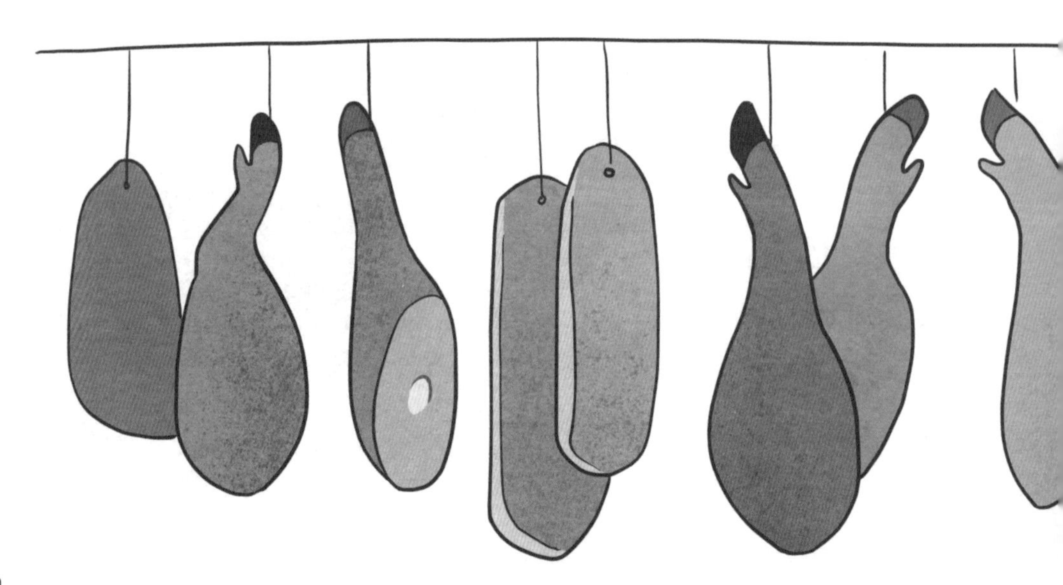

子、云梦豝（bā）儿肉腊等。线肉条子就是将肉切成条后风干而成的腊肉，而皂角脡子则是熏腊肉。宋朝人发现皂角有保鲜的功效，于是在熏制腊肉的时候加入了皂角，这样做出来的熏腊肉就是皂角脡子。而云梦豝儿肉腊就是腊猪肉。云梦在今天湖北孝感一带，豝儿是指两岁左右的小猪，云梦豝儿肉腊是用生长在湖北孝感一带的深山老林里的小猪做成的腊肉，味道别提多香了！

糟猪肉

把用盐腌制过的猪肉晾干切块，放在装有酒糟的瓶子里，放置一段时间就做成了糟猪肉。这种做法跟古代的醢（hǎi）很像。《广雅·释器》中解释：“醢，酱也。”醢，就是肉酱。汉朝儒学家郑玄写过醢的做法：“作醢及臡（ní）者，必先膊干其肉，乃后莝（cuò）之，杂以粱曲及盐，渍以美酒，涂置瓶中，百日则成矣。”跟现在江浙一带广受喜爱的糟货做法类似。

江南自古盛产酒，用酒糟制作糟货的历史也非常悠久。2000 多年前记录南方楚地诗歌的《楚辞》中就有关于糟货的记载。南宋偏安江南，当时也非常盛行吃糟卤制品。当时有位江南的厨娘写了一本菜谱叫《浦江吴氏中馈录》，里面就记录了糟猪头、糟猪蹄的做法。袁枚在《随园食单》中也记载了糟猪肉的做法。

肉皮冻

将处理干净的猪皮和各种作料一起煮，猪皮煮软后取出刮去油脂切丝，再放入汤中煮至黏稠，放凉后就会凝结成像果冻一样的肉皮冻。把肉皮冻切成片或者丝，浇上调味汁就可以吃了。

肉皮冻看上去晶莹剔透，所以在古代又叫“水晶脍”。元朝的生活小百科《居家必用事类全集》中就记载了水晶脍的做法，以及一道用肉皮冻制作的菜肴——水晶冷淘脍。水晶冷淘脍是一道以猪皮冻丝为主料，以生菜丝、春韭段、春笋丝、萝卜丝等蔬菜为辅料的凉菜，听起来就非常好吃。

除了以上做法，古人处理猪肉的方法还有很多。例如《东京梦华录》中记载的旋炙猪皮肉就类似现在的烤猪肉。汉朝马王堆出土的遗策中还记载了制羹、濯（zhuó）、煎、腊、脯、熬、炙、蒸、炮、濡（rú）、菹（zū）、脍等十余种加工食材的方法，这些加工食材的方法，很多都可以用于对猪肉的处理。

- 小知识 -

分餐与合餐

在我们中国，不管是在自己家里吃饭，还是宴会聚餐，用餐的模式都差不多：米饭等主食分开吃，菜肴却是大家共享的。想吃哪道菜，就用筷子将菜夹到自己盘子里。特别是吃火锅的时候，所有人都在同一个锅里夹菜吃。这种大家同吃一桌菜的模式叫“合餐制”。

与之对应的是“分餐制”，顾名思义，就是把所有的饭菜都平均分成几份，每个人吃自己的一份，不跟别人混着吃。这种吃法曾经在我国古代流行了3000多年，直到唐朝，才逐渐被合餐制取代。

汉朝人吃饭习惯席地而坐，每个人面前摆一张像小茶几一样低矮的食案，各式各样的食物就摆放在食案上。按照身份不同，每个人面前摆放的食物也不太一样，但都是每人一份，谁也不用跟别人共餐。

到了唐朝，人们开始广泛使用可以坐着吃饭的胡床、交椅、方桌。胡床就是可以折叠的小凳子，我们现在叫“马扎”。再加上当时社会上奢靡风气盛行，一场宴会需几十道菜，如果大家每道菜都想尝一尝，采用分餐制就太麻烦了，所以同吃一桌菜的合餐制渐渐取代了分餐制，成为主流用餐形式。

不过合餐制也有一个缺点，就是不够干净卫生。比如一起吃饭的人中有人携带幽门螺旋杆菌，就很容易传染给其他人，所以现在提倡用公筷。

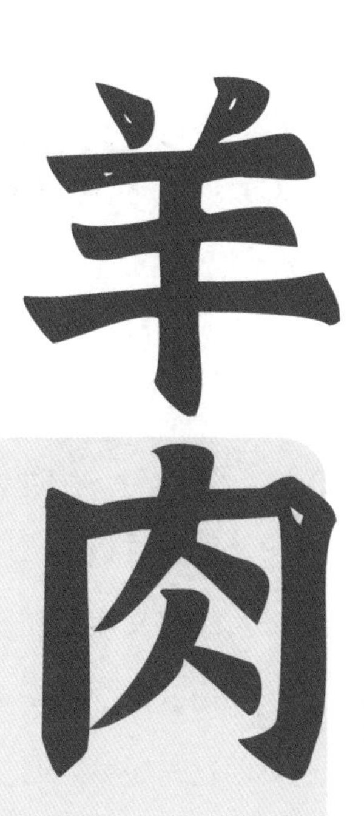

5

远古时期，人类以狩猎为生。那时候想吃一顿饱饭，十分不容易。放眼望去，身边的动物基本都是不好惹的。豺狼虎豹之类的食肉动物就不用说了，其他动物也不好捕到：野猪和野牛不仅力大无穷，而且脾气暴躁；野马跑得太快追不上；野兔不但跑得快而且肉太少，小小一只，大家一分，还不够塞牙缝的。看来看去，最好欺负的就是羊了。不管是山羊还是绵羊，个头都不大不小，跑不了太快，性格还温柔和顺，简直就是上天给我们人类准备的礼物。

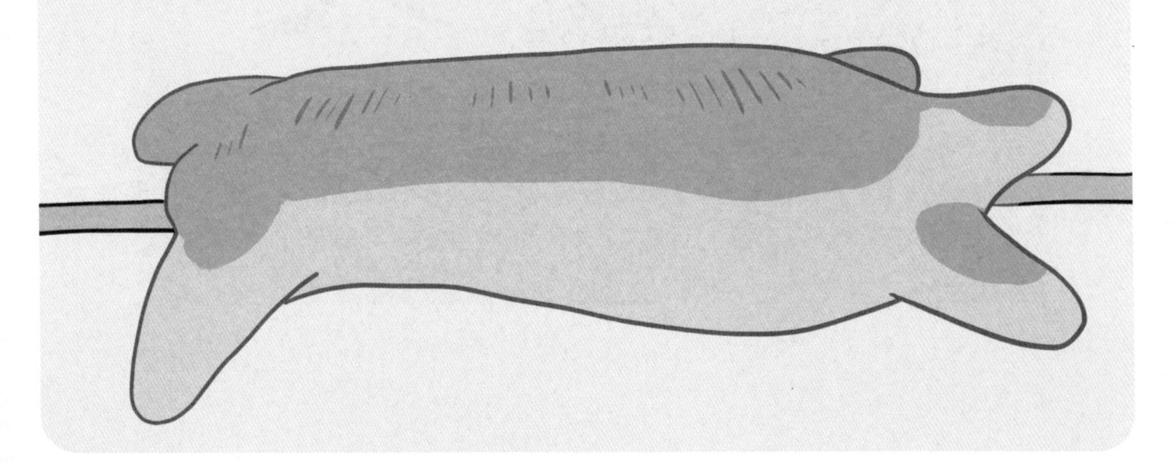

羊肉的历史

考古发现，在距今1万年前的伊朗，人们就已经开始驯化羊了。而我们中国最早的家养羊骨架出土于距今5500年左右的青海民和县核桃庄遗址。可惜由于骨架丢失，记录并不完整。而目前中国最早的有文字和测量数据记载的家养羊遗骨，出土于甘肃省天水市师赵村遗址马家窑文化墓葬中，距今有5000多年的历史。挖掘出来的羊遗骨排放整齐有规律，考古人员认为，这些羊是用于祭祀的。

根据考古发现，人们推测家养羊的传播路线是这样的：驯化的家养羊从西亚传到我国西北，沿河西走廊又进一步传到了中原地区，接着顺着黄河向下游传播，大约在夏商时期到达了山东地区。

说文解字：美

汉朝许慎在《说文解字》中解释“美”字时写道：“美，甘也。从羊从大。”，认为“美”是由“羊”和“大”组成。北宋学者徐铉对这句话的注释为“羊大则美”，意思是大只的羊很肥美。不过这种说法后来遭到了甲骨文专家的质疑，因为甲骨文中“美”字像是戴着羊角形帽子的人，古人认为这就是美。可见古人生活的时代，对甲骨文还没有认知，根据小篆文字解读，才形成“羊大则美”的看法。

羊羔跪乳

古人观察到，小羊羔喝奶的时候，是跪在母羊身旁喝的。古人认为小羊羔这是在感恩母羊的哺育，因此将羊羔跪乳看作一种感恩父母的行为。

卜式牧羊

在汉朝，养羊养得好，没准还能当官。当时有一个叫卜式的人，擅长养羊。卜式的弟弟长大以后要跟他分家，卜式既不要财产也不要房子，只要了一百只羊。十几年后，卜式养的羊已经繁衍到了几千只，他也成了当地的大富豪。汉武帝听说了卜式的故事之后，请他去皇家园林中替自己养羊。卜式养的羊既肥又壮，让人一看就喜欢。汉武帝问卜式养羊有什么诀窍，卜式说，养羊和管理老百姓是一样的，只需要让它们按照时节起居，一旦发现坏的就立刻除去，以免其败坏整个羊群。汉武帝听完大为赞赏，让卜式做了大官。

在古代三牲中，羊肉的地位次于牛肉。不过在很长一段时间里，羊肉在中原地区并不十分流行。仅仅在北方的一些地区，羊肉在人们的餐桌上占据主要位置。直到西晋末年，中原地区爆发内乱，大量北方游牧民族纷纷向中原迁徙，其中一些民族在中原地区建立了自己的政权。游牧民族以放牧为生，羊肉是他们常吃的食物。慢慢地，他们对羊肉的喜好便影响了中原地区的饮食文化。

比如，鲜卑族建立的北魏王朝就在中原建立了四个大型牧场，这些牧场里的羊除了用于满足皇室的饮食需求，也用于赏赐。

人们对羊肉需求量的增长，促进了私人养羊业的繁荣。贾思勰在《齐民要术》中写道，当时养羊的牧场规模很大，一养就是成百上千只。他自己也养过 200 只羊，过冬的时候，由于他没有准备足够的饲料，一半多的羊都饿死了。后来他去请教经验丰富的老羊倌，才掌握了养羊的方法。

唐朝时中国的疆域进一步扩大，养羊的牧场遍布中国北方。当时中央还建立了官方的畜牧管理机构——太仆寺，并在地方也设置了完备的生产机构。唐玄宗开元年间的 713 年，全国官方牧场里的羊总计近 70 万只。

当时京城郊外地区有很多牧羊专业户，有些牧羊专业户由于养的羊太多，还得雇人来放羊。唐朝的民间故事中，有些家境贫寒的主角就以替他人放羊为生。

古代小说集《太平广记》中记载了唐朝时一个非常聪明的人养羊的故事。这个人特意买了一块长不出庄稼的地，在上面修建牧场和棚舍，养了很多羊。没过几年，这片地上就覆盖了厚厚的一层羊粪。因为有羊粪的滋养，这片土地变得肥沃起来，于是他便在这片土地上种了果树。后来，果树结了许多又大又好的果子，他将果子摘下来卖，挣了很多钱。

唐朝前期，卖羊不用缴税，羊也不像牛、马、驴等农业耕畜一样有屠宰限制，而且羊肉的地位又高于猪肉，所以官僚们宴饮聚会或者待客时，肉食首选羊肉。有一位叫李德裕的宰相，相传他一生吃掉了一万只羊。

为了满足自身的食用和送礼往来的需求，贵族和官员们喜欢在首都长安和东都洛阳附近购买土地放牧羊群，以便更快地将新鲜羊肉送到家中，减少路上的损耗。唐朝官方也在两个都城周围设置了官方牧场，后来为了避免私人牧场侵占官方牧场，朝廷颁布诏令，长安和洛阳周边五百里之内禁止私人放牧。

宋朝时人们吃羊肉吃得更多了。因为曾立有宫内只能吃羊肉的规定，所以宋朝宫廷消耗的肉食几乎全是羊肉。再加上当时朝廷每月给官员的俸禄也包含了数量不等的羊肉，羊的需求量很大，于是朝廷在各地开设了大量的官方牧场养羊。除此之外，朝廷每年还要向民间牧场，以及辽国、西夏国买羊数万只。

明朝以后，人口急剧增长，羊肉供应不足。而这时养猪业蓬勃发展起来，猪肉逐渐取代了羊肉的地位。

羊肉的吃法

羊肉肉质富有弹性，口感细腻嫩滑，用各种方式烹饪都很适合。

生吃羊肉

你能想象像吃生鱼片一样吃生羊肉吗？在唐朝的烧尾宴中就有一道生羊肉。

烧尾宴是唐朝一种著名的宴会，庆贺科举登第或官员升迁时，人们就会举办烧尾宴。烧尾宴只在唐初流行了二十余年，却因菜肴用料奢侈和种类繁多，成为唐朝宴会的代表，媲美清朝的满汉全席。

唐中宗时，韦巨源被任命为尚书令，他便在自己的家中举办烧尾宴宴请皇帝。古籍《清异录》中记载了这次烧尾宴中的部分菜肴，其中有一道著名的唐朝美食——五生盘。五生指的是五种不同动物的生肉，包括生羊肉、生猪肉、生牛肉、生熊肉和生鹿肉。五生盘的做法就是把这五种肉去掉皮、骨和筋，切成如纸薄的肉片，调味后装盘，拼摆成上述五种动物形状。西安至今还有仿唐菜五生盘，不过用的是腌制后的熟肉。

烤羊肉

烤是人类最早处理羊肉的方式，也是最早被玩出花样的一种羊肉做法。例如，魏晋南北朝时宫廷中有一种叫作“胡炮肉”的菜。这道菜只能用一岁以内的羊羔的肉，做法是：把精肉和脂肪都切碎，加入豆豉、盐、葱白、姜、花椒、荜拔、胡椒调味；拿一个完整的羊肚，里外清洗干净后，装入切好的羊肉碎并缝合好；然后在地上挖一个大坑生火，等坑内滚烫后把柴火挪走，埋入缝好的羊肚，再盖上火灰，燃起柴火；约一顿饭的时间后，把羊肚挖出，切开羊肚，里面的羊肉碎鲜美异常。另外，唐朝的烧尾宴中还有一道非常昂贵的升平炙，需要厨师将300条鹿舌头和羊舌头切成薄片，选取其中厚薄相同的肉片摆盘，供客人烤或煎。

说文解字：羔

“羔”指小羊，甲骨文、金文、篆体字字形看上去像是在火上烤羊。古人常用烤的方式处理羊肉，而小羊的肉更鲜嫩，烧烤后尤其美味，所以古人就把小羊叫作“羔”。《周礼》中规定，卿等级的贵族给人送见面礼要送小羊羔。想象一下，两位卿见面时每人怀里抱一只小羊羔，这场面是不是挺有趣的？

手抓羊肉

手抓羊肉是宁夏的经典名菜，最常见的做法就是将新鲜羊肉切块，煮熟后蘸各种酱吃。

早在魏晋南北朝时期，就出现了一种类似手抓羊肉的美食——胡羹。胡羹深受皇族喜爱，在当时的贵族间十分流行。据史料记载，胡羹可以用葱头、香菜和石榴汁调味。在嘉峪关新城魏晋墓出土的画像砖上，有一幅画形象生动地绘制了古人制作肉食的过程，看上去很像是在制作胡羹。画上有两位厨师，一位厨师正持刀在案板上切肉，案板旁边的盆子里放有不少已经切好的肉块，另一位厨师则挽起袖子在煮肉，他们中间还挂着已经煮好、正在沥干的肉块。

冷修羊

冷修羊就是冷盘羊肉。据古籍《清异录》记载，唐朝女皇武则天就喜欢吃冷修羊。冷修羊的做法是，将羊腿肉和桂皮、茴香、盐一起炖煮，趁热抽出骨头，然后将肉切块压平，等肉块冷却后切薄片装盘。

羊肉汤

炖羊肉汤是羊肉的一种经典做法，羊肉汤不仅鲜香味美，还能滋补养生。

历史上有很多与羊肉汤有关的故事。西汉文学家刘向在《战国策》中就记载了一个国家因羊肉汤而灭亡的故事。有一次，中山国的国君请各位大臣吃饭，大夫司马子期也在现场。可是分羊肉汤的时候，司马子期却没有分到。司马子期盛怒之下跑到了楚国，说服楚王出兵征讨中山国，中山国灭亡。也许司马子期在意的不是那碗羊肉汤，而是自己不被那位中山君重视吧。

另外还有一个靠羊肉汤得到赏识的故事。魏晋南北朝时期，有个叫毛修之的人，他原本是东晋的将领，后来被北魏军队俘虏，被押送到北魏都城平城。到了平城，毛修之做了羊肉汤送给北魏的一个尚书品尝。尚书喝完觉得味道非常好，便把毛修之推荐给北魏皇帝。北魏皇帝也十分赞赏毛修之的厨艺，后来让毛修之当了太官尚书。

羊羔酒和白羊酒

你知道吗？羊肉还可以用来酿酒。宋朝人陈直撰写了一部老年养生专著——《寿亲养老新书》，其中详细记载了羊羔酒的做法：把一石米打碎，放入冷水中搅拌，制成浆液；然后加入七斤切成四方块的肥羊肉、十四两酒曲，上火炖煮至羊肉烂熟；再加入一斤杏仁后继续煮，等到锅里的液体只剩下七斗时停火；将液体拌入米饭、酒曲和一两木香，放入缸中密封保存。十天后，味道甘滑的羊羔酒就做成了。

还有一种比较昂贵的白羊酒，只能在每年的腊月制作。做这种白羊酒要用三十斤羯羊肉，其中十斤为肥膘。将肉连骨头加上六斗水一同入锅煮；等肉煮到极软后取出，去除肉中的骨头，把肉打成肉末，均匀地拌到米饭里蒸；米饭蒸熟后，再加入肉汁继续蒸，一直蒸到液体只剩两升为止；然后把液体、米饭与酒曲一同放入缸中密封保存，等待一段时间就可以得到白羊酒了。

涮羊肉

将羊肉切成薄片，放入锅内迅速烫熟就是涮羊肉。相传，涮羊肉是元朝开国皇帝忽必烈的厨师发明的。有一次，忽必烈带领军队去打仗，为了能尽快迎敌作战，他命令厨师立即将羊肉煮好端上来。怎样才能让羊肉快点儿煮好呢？厨师灵机一动，想出了将羊肉切成薄片烫熟的好办法，没过一会儿，就将做好的羊肉呈给了忽必烈。后来涮羊肉便流传开来，成为一道美食。清朝时，涮羊肉风靡整个社会，还成为宫廷必备的菜肴之一。

⑥ 鱼肥蟹美

相传，最早是伏羲氏教会人们用绳子结成渔网捕鱼的。原始时期，我们的祖先大多生活在河边，所以免不了跟水里的鱼类、螃蟹等打交道。对于古人来说，味道鲜美的鱼类和螃蟹是易得的美食。

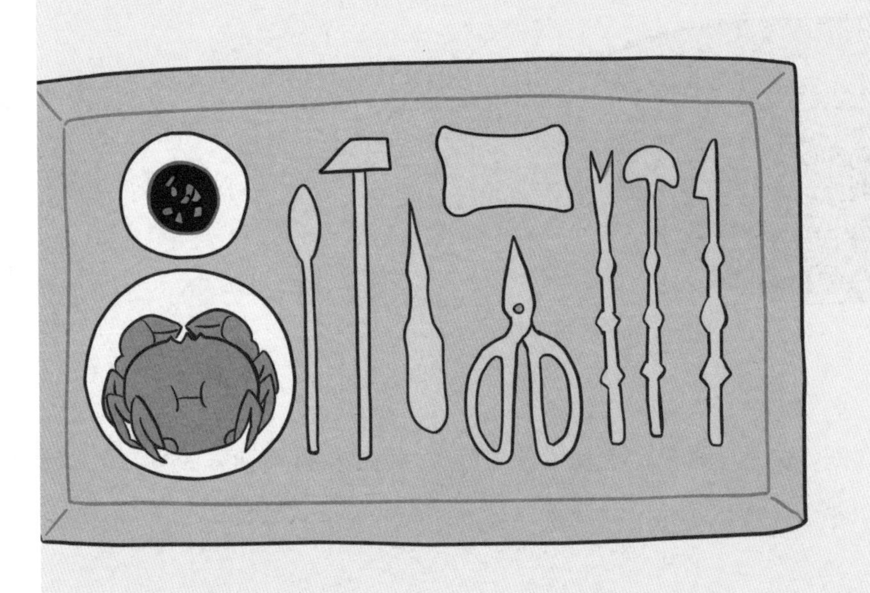

古人吃什么鱼？

著名思想家孟子有一句名言：“鱼，我所欲也；熊掌，亦我所欲也。二者不可得兼，舍鱼而取熊掌者也。”他把鱼和熊掌并称，可见鱼在古人心目中是相当珍贵的一种美食。

原始时期，有的部落甚至把鱼当作部落的图腾。鱼类的繁殖能力特别强，一条鱼可以产下成千上万粒鱼卵，孵化出来就是成千上万条小鱼，所以渴望多子多孙的古人很崇拜鱼类。考古学家在距今 6000 多年前的半坡遗址中发现了一件陶制的人面鱼纹盆，它体现了当时人们对鱼的崇拜。同样是在半坡遗址中，考古学家还发现了用骨头制成的鱼钩和鱼叉，这说明那时候人们就已经学会捕鱼了。

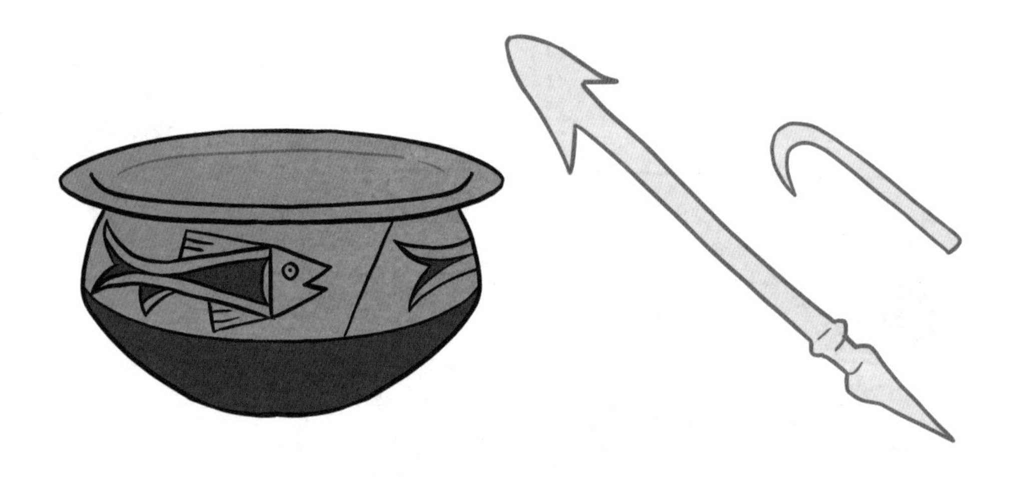

到了殷商时期，人们不再满足于捕捞野生鱼类，而是挖掘池塘来养鱼，慢慢地把鲤鱼、鲫鱼、草鱼等鱼类驯化成了家养品种。

鲤鱼

春秋战国时期，越国大夫范蠡协助越王勾践打败了吴国，使越王成为新的霸主。之后范蠡功成身退，弃官经商，后来成为有名的大商人。范蠡经营的主要业务之一就是饲养鲤鱼，他还专门写了一本《养鱼经》来介绍饲养鲤鱼的方法，说“鲤不相食，又易长也”，认为鲤鱼不会同类相食，又容易生长，是一种适合人饲养的鱼类。

鲤鱼在古人心中的地位相当高。周朝史书记载，周宣王征战敌国，在凯旋后的庆功宴中有两道菜最为名贵，一道是炰鳖，就是煮熟的鳖肉；另一道是脍鲤，就是用鲤鱼做成的生鱼片。《诗经》的《陈风·衡门》中有“岂其食鱼，必河之鲤”的诗句，意思是说，想要吃鱼的话，并不一定非得是河（黄河）里的鲤鱼才能如愿，其他的鱼勉强也可以。当然，这句话还可以反过来理解：如果有鲤鱼，那就最好不过了。

卧冰求鲤

东晋时期的文学家干宝写的志怪小说集《搜神记》里面，记载了一个故事。有一个叫王祥的人，非常孝顺自己的父母。有一年冬天，王祥的母亲非常想吃鲤鱼。可是天气实在太寒冷了，河水都结冰了，到哪里去抓鲤鱼呢？王祥就想了一个办法，他光着身子卧倒在河面上，打算用自己的体温融化坚冰。也许是王祥的孝心感动了上苍，他身下的冰块突然融化了，并且还有两条大鲤鱼从河里跳出来。于是王祥高高兴兴地带着鲤鱼回家了。成语“卧冰求鲤”就源自这个故事，后来被人们用来比喻子女极其孝顺。

鲈鱼

鲈鱼也是古人非常爱吃的一种鱼。松江出产的四腮鲈鱼非常有名，古人将它看作天下少有的美味。南宋诗人杨万里还专门写过一首诗叫《松江鲈鱼》：“鲈出鲈乡芦叶前，垂虹亭下不论钱。买来玉尺如何短，铸出银梭直是圆。白质黑章三四点，细鳞巨口一双鲜。秋风想见真风味，祇是春风已迥然。”松江鲈鱼的个头不大，成年的不到 20 厘米长。松江鲈鱼头大而扁平，有一张巨口，两只小眼睛生在头上方，鳞片细小，长得略微有点儿像古人织布用的纺锤。最特别的是，松江鲈鱼看起来有四个鳃，所以也叫四鳃鲈鱼。其实它并不是真的有四个腮，而是在两边鳃孔前面各有一个凹陷，看起来就像是四个鳃一样。

松江鲈鱼到底有多好吃？宋朝诗人范成大说它“雪松酥腻千丝缕，除却松江到处无”，意思是说松江鲈鱼雪白松软，又鲜香细腻，而且一点儿都不腥。除了松江，别处都吃不到这样的鲈鱼。

松江鲈鱼柔嫩刺少，生吃、清炖、红烧、和莼菜一起煲汤都不错，做成风干的鲈鱼脍也很好吃。相传，隋炀帝下江南的时候，有官员进贡了一道金齑（jī）玉脍，他品尝之后十分喜欢，称其为“东南之佳味也”。所谓“金齑玉脍”，就是将干鱼脍经过简单的浸渍后，再往洁白如玉的鱼肉上加上金黄色的橘子酱或橙子酱调味，实在是色香味俱佳。

南宋时期，湖州的地方志《吴兴志》中写道：“每斫脍，悉以骨熬羹，淡而有真味。”人们吃松江鲈鱼时连鱼骨都舍不得扔掉，还要拿来熬羹喝，可见松江鲈鱼实在是鲜美无比。

记载晋朝历史的《晋书》中有个故事。西晋时，名士张翰在北方的洛阳做官。有一年秋风吹起来的时候，他不禁怀念起自己的家乡吴中地区的美食。鲜甜的菰菜、嫩滑的莼菜羹，还有那让人垂涎欲滴的鲈鱼脍，真是做梦都想尝一口啊！张翰心想，人生最重要的不就是活得开心、快乐吗？有鲈鱼、莼菜吃，无官场烦心事，吴中兼有二者之美。于是，他便舍弃高官厚禄，回到了魂牵梦绕的家乡。后来人们便用“莼鲈之思”比喻思乡之情。

鲈鱼是一种洄游性鱼类，在每年秋冬季节发育成熟后洄游入海，所以秋风起时鲈鱼最为肥美好吃，难怪秋风一起张翰便开始思念家乡。

《诗经》中的鱼

《诗经·周颂》中有一首《潜》，记录了许多周人用来食用和祭祀的鱼："猗与漆沮，潜有多鱼。有鳣（zhān）有鲔（wěi），鲦（tiáo）鲿（cháng）鰋（yǎn）鲤。以享以祀，以介景福。"

鳣就是现在的鲟鳇鱼，产自江河或者浅海，特点是没有鳞片。鲔就是现在的鲟鱼，长相古怪，味道鲜美。鲦就更常见了，俗名"白条鱼"，喜欢聚成一群在河水里游来游去。鲿就是现在的黄颡（sǎng）鱼。而鰋就是现在的鲇鱼，生活在泥塘里，没有鳞片，可以用来炖汤。

宋朝以后，由于水土流失严重，鲟鱼等北方出产的大型淡水鱼类渐渐绝迹，南方产的鱼类成为饲养鱼的主流，特别是辽阔的太湖成了饲养鱼的重要产地。其中最著名的当数鲜美肥白的太湖白鱼，宋朝文人叶梦在《避暑录话》中写道："太湖白鱼实冠天下也。"可见人们对它的推崇。

养鱼、捕鱼更容易了

宋朝时，青鱼、草鱼、鲢鱼、鳙鱼成为人们养殖的主要鱼种，被称为"四大家鱼"。当时，养殖鱼的技术也有了很大的进步。以前人们获取鱼苗主要靠饲养怀着鱼卵的母鱼，或是采集带有鱼卵的泥土，鱼苗成活率不高，到了宋朝已经有专门培育、贩卖鱼苗的人。买回鱼苗放入池塘，定时给它们投放饲料，鱼苗很快就能长成大鱼了。

随着造船和捕捞技术的发展，宋朝渔民们开始在海上用大网捕鱼，当时市面上的海鱼非常丰富，有石首鱼、马鲛鱼，也有乌贼、鲍鱼等海产品，现在我们常吃的鱼在宋朝几乎都能吃到了。

河豚

宋朝时社会上还掀起了吃河豚鱼的热潮。虽然大家都知道河豚有剧毒，处理不当很可能会引发食物中毒，但是因为河豚味道鲜美，所以仍有很多人前赴后继地去吃，可以说为了美味连命都顾不上了。苏轼也是河豚的“粉丝”，他写过一首诗——《惠崇春江晚景》：“竹外桃花三两枝，春江水暖鸭先知。蒌蒿满地芦芽短，正是河豚欲上时。”春天来了，河豚也要逆流而上，从大海洄游到江河了。

鲙——古代的生鱼片

最初，人类吃鱼就是直接生吃，而进入了文明时代，古人还是喜欢吃生鱼肉，因为生鱼肉的味道非常鲜美。

在中国古代，切细的肉叫“脍”。虽然也有牛脍、羊脍，但古人最常吃的还是鱼脍，类似我们现在吃的生鱼片，古人还给它专门取了一个名字叫“鲙（kuài）”。

春秋时期，吴王阖闾（Hélǘ）派大将伍子胥率领军队征伐楚国。吴国军队取得胜利班师回朝时，阖闾命人“治鱼为鲙”，用鲙犒赏伍子胥。这说明在那个年代，鲙是一种很上档次的食物，可以用来犒赏立下大功的人。

和我们现在吃的生鱼片一样，鲙本身没什么味道，所以需要蘸酱料，或是拌着作料吃。《礼记》中写道：“脍，春用葱，秋用芥。”说明古人吃鲙也要蘸辛辣的作料以去除腥味，春天可以拌着葱吃，秋天可以蘸芥末吃。《齐民要术》中记载了一种超豪华的鲙蘸料，叫“八和齑”，是将蒜、姜、橘皮、白梅、熟栗黄、粳米饭、盐和醋 8 种原料处理后捣烂、调制而成，口感醇厚，味道鲜美。

明朝的开国元勋刘基写了一部记载日常生活知识的《多能鄙事》，其中讲到一种吃鲙的方法：“鱼不拘大小，以鲜活为上。去头、尾、肚、皮，薄切，摊白纸上，晾片时，细切如丝。以萝卜细剁，布纽作汁，姜丝，拌鱼入碟，杂以生菜、胡荽芥辣醋浇鲙。”这种吃法跟现在的凉拌菜很接近。

不过生鱼肉不容易消化，如果是用淡水鱼做成的鲙，人吃了体内还容易滋生寄生虫，就算用有杀菌作用的葱和芥末当作料，生吃淡水鱼也是十分危险的。

东汉末年有一个叫陈登的人，很喜欢吃鲙，有一天他肚子疼得厉害，就去向当时的名医华佗求救。华佗给他吃了药后，陈登吐出来三升会蠕动的小虫。华佗叮嘱他不要再吃鲙了，不然神仙也救不活他。然而陈登没忍住诱惑，又吃了鲙，结果没过多久就病情复发去世了。

化蝶鲙

唐朝笔记小说集《酉阳杂俎》中记载了一个故事：有一个姓南的人精于切鲙，切出来的鲙像丝织物一样薄，像丝线一样细，轻轻一阵风就能吹起来。而且这个人拿刀切鲙的动作非常轻快、敏捷，手起刀落，就好像有节奏一样。有一次，他在宴席上向客人展示切鲙的技巧。他把鱼捞出来放在案板上进行切割，忽然暴风雨骤降，一声惊雷后，他切的鲙全都化作蝴蝶飞走了。 这个人很害怕，于是把刀折断，发誓再也不做鲙了。

鱼的吃法

烤鱼

人类很早就开始用火烧烤食物了，烤鱼的历史也非常悠久。烤鱼的做法很简单，把鱼去掉鳞和腮，掏空内脏，然后在鱼肚中加入调味的香料，放到火上烘烤即可。

除了烤鱼，人们又发明了煎鱼、煮鱼和蒸鱼等做法。古人还将鱼的烹饪心得拿来比喻治国。老子在《道德经》中说：“治大国若烹小鲜。”意思是说，治理国家就像烹饪小鱼一样，不能多翻搅，不然容易烂。

鱼鲊

因为鲜鱼不容易保存，所以古人将鱼肉做成一种可以保存很久的食物，叫鱼鲊（zhǎ）。鱼鲊的做法是：先把鱼肉切成小块，用盐、酒和香料腌制以后沥干水分，再一层一层放进容器中，每一层之间加入特制的米饭，然后再密封，发酵一段时间后，就可以拿出来吃了。这样加工出来的鱼鲊不但不容易腐烂，而且有一种特殊的香气。

《太平御览》记载，汉昭帝有一次钓到了一条三丈长的蛟，蛟长得像一条大蛇但没有鳞片，皇帝觉得这不是什么好兆头，就让御膳房把蛟制成了鱼鲊。结果做出来的鱼鲊“味极香美”，群臣吃完赞不绝口。

专诸刺王僚

春秋时期，吴国的公子光想要篡夺吴王僚的王位，就花重金收买了一个叫专诸的刺客，准备刺杀吴王僚。专诸先去学了烤鱼，学成后，他做出来的烤鱼味道鲜美至极，在贵族圈子里很有名气。有一天，公子光邀请吴王僚到家中吃饭，吴王僚听说专诸烤鱼的手艺了得，就让专诸给他做烤鱼吃。有一种说法是，专诸端着做好的烤鱼呈给吴王僚时，从鱼肚中抽出一把锋利的匕首，将吴王僚刺死了。吴王僚死后，公子光顺利登上了王位。

- 小知识 -

鱼肉如何去腥

鱼肉一般都有一股腥味，这是因为鱼肉中含有一种名叫“三甲胺”的物质，鱼肉的腥味主要就来源于它。有经验的厨师会在烹鱼时加一点儿酒，因为酒精能溶解三甲胺，并使其挥发出去。另外，也可以加入姜、蒜或者醋、盐梅来去腥。《左传》中写道：“水火醯醢（xīhǎi）盐梅，以烹鱼肉。”醯就是醋。这说明当时的人已经懂得去除鱼肉腥味的方法。唐朝诗人白居易还写过“鲂鳞白如雪，蒸炙加桂姜”的诗句，说的就是在蒸鱼时加入肉桂和姜去腥味。

螃蟹的吃法

除了鱼类，水产品之中，螃蟹也很受古人喜爱。虽然螃蟹吃起来非常麻烦，肉也不多，但是它有一股特殊的鲜味，所以深受人们的喜爱。

中国人是什么时候吃上美味的螃蟹的呢？据考古人员在良渚文化遗址中发现的大量蟹壳来看，中国人吃螃蟹的历史至少可追溯至4000多年前。

最早关于吃螃蟹的文献记载来自周朝。《周礼》中有“青州之蟹胥”的记载，“蟹胥”就是把螃蟹捣烂后放入罐子里腌制而成的蟹酱。

秦汉之后，人们处理螃蟹的方法就更多了。《齐民要术》中记载了一种食物叫“糟蟹”，就是用酒糟腌制的螃蟹，类似现在的醉蟹。那时的酿酒技术已经相对成熟，人们不仅喜欢喝酒，也喜欢与酒有关的食物，糟蟹就应运而生了。酒的香气既掩盖了螃蟹的腥味，又增加了螃蟹的鲜美。

不过，古人最常吃的还是蒸蟹和煮蟹，吃的时候搭配上酸甜适口的橙泥，堪称无上美味。唐朝诗人唐彦谦所写的《蟹》中有诗句：“充盘煮熟堆琳琅，橙膏酱渫调堪尝。”“橙膏”就是橙泥，做法是先把橙子皮捣成泥，再放入橙肉混合捣烂。你可能会觉得果酱和海鲜搭配有些奇怪，但是在古代，调味品还没有现在这么丰富，姜、橙子、肉桂等调味品因为容易获取而广受欢迎，能够去腥、提鲜的橙子更是被人们所喜爱。于是，以橙泥配螃蟹的吃法成为古代主流的螃蟹吃法。

秋后是螃蟹最肥美的时候，也是吃螃蟹最好的季节。北宋文学家欧阳修在《病中代书奉寄圣俞二十五兄》中写道：“忆君去年来自越，值我传车催去阙。是时新秋蟹正肥，恨不一醉与君别。”他在病中还在回忆去年和朋友一同品蟹的情景，其中自然有对朋友的思念之情，也不乏对肥美秋蟹的念念不忘之情。为了能够敞开肚子吃螃蟹，他甚至愿意搬家。他在写给儿子的信中说，安徽阜阳所产的螃蟹比京城市面上卖的螃蟹好，而且价钱还便宜许多，所以他晚年一定要搬到阜阳去住。果不其然，欧阳修晚年辞官之后，没有选择衣锦还乡，而是去了阜阳定居，过起了美酒配肥蟹的神仙日子。

明清时期，人们做螃蟹以保持原味的清蒸为主，并且更喜欢使用具有刺激性的姜和醋做蘸料。比如，《红楼梦》中，主角贾宝玉就写过“持螯更喜桂阴凉，泼醋擂姜兴欲狂”的诗句，可见当时民间多以姜和醋配螃蟹。明朝时还诞生了专门吃蟹的工具——蟹八件。不过人们吃螃蟹时还是少不了要亲自动手，吃过螃蟹后手上会留下腥味，所以《红楼梦》里，贾宝玉等人吃完螃蟹，都得用“菊花叶儿桂花蕊熏的绿豆面子”洗手。

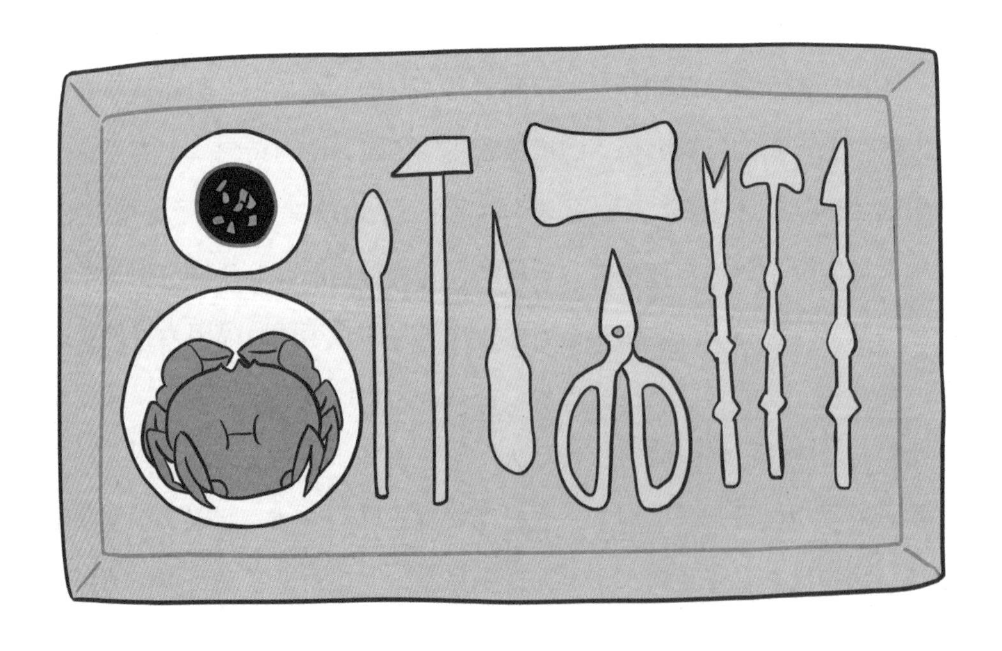

- 小知识 -

古代的食用香料

食用香料可以去除食物中的腥味，提高食物的风味。在商周时期，人们就已经懂得利用花椒、肉桂等香料了。《诗经》中就提到了花椒、甘草等近60种芳香植物，它们是中国土生土长的香料。

随着陆上丝绸之路的开通，外国的食用香料也开始传入中国，孜然、胡芹、胡荽、胡椒等外国香料出现在中国人的菜肴之中。而到了唐宋时期，东南亚的砂仁、豆蔻、丁子香等食用香料也通过朝贡或贸易等方式传入中国，大大丰富了中国香料的品种。

到了明清时期，人们对香料的了解更深了，例如古籍《随园食单补证》中就总结了花椒、桂皮等在烹饪中的调味功能。该书认为花椒可以去除食物中的腥味、臊味和膻味，用处最大。

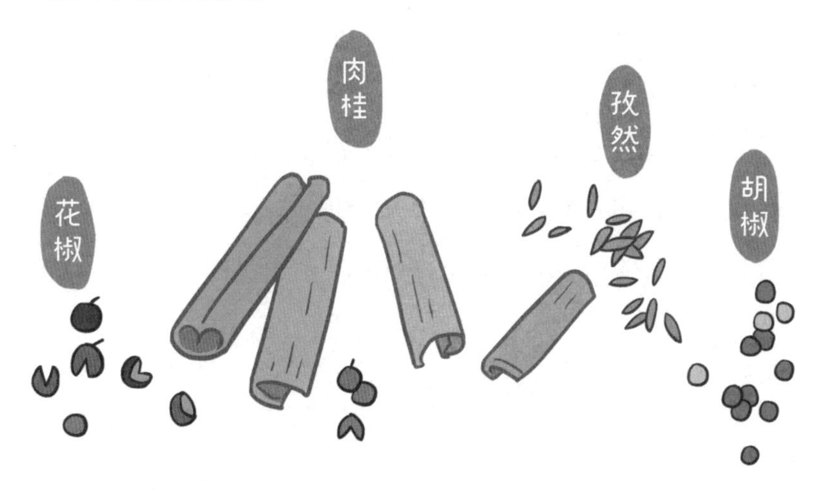

- 结语 -

中国饮食讲究荤素搭配，我们的大多数菜肴也是用肉类和素菜混搭烹制而成的，比如豆笋炒肉、鱼香肉丝、木须肉等，这在很大程度上契合了营养学原理。

主食可以为人体提供基础的热量；肉类和豆制品可以提供优质的蛋白质，也是一些维生素和不饱和脂肪酸的重要来源；而蔬菜能为身体提供必需的矿物质和多种维生素，如海带中含有碘元素和钙元素，白菜、萝卜中含锌元素较多，大蒜、洋葱中含有丰富的硒元素，而辣椒、苦瓜中的维生素 C 含量较多。肉类、豆制品和蔬菜三者相辅相成，与主食一起为我们提供了必需的营养。

除了契合营养学原理外，荤素食材搭配起来还能增加各自的风味，起到一加一大于二的效果。举个例子，江南地区的名菜“腌笃鲜”就尽现荤素搭配的妙处，它是用腌制的咸肉加上鲜肉和春笋一起焖烧煨制而成，鲜嫩的春笋在肉食的映衬下更加清香，而肉食的油腻也被春笋的鲜味化解。这样荤素搭配的美食，尽显中国人的生活智慧。

到了现代社会，随着生活水平的提高，对人们健康最大的威胁已经不再是营养不良，而是营养过剩导致的肥胖，以及高血糖、高血压、高血脂等疾病，所以我们更要合理膳食，荤素搭配，让自己吃得更加健康。